AF390714

MÉMOIRES

J.-B. BOUSSINGAULT

TOME TROISIÈME

(1823-1824)

PARIS

TYPOGRAPHIE CHAMEROT ET RENOUARD

19, RUE DES SAINTS-PÈRES, 19

1900

MÉMOIRES

DE

J.-B. BOUSSINGAULT

TOME TROISIÈME

1823-1824

Cet ouvrage a été tiré à 300 exemplaires
numérotés à la presse.

N° 39

J. B. BOUSSINGAULT

MÉMOIRES

DE

J.-B. BOUSSINGAULT

TOME TROISIÈME

(1823-1824)

PARIS

TYPOGRAPHIE CHAMEROT ET RENOUARD

19, RUE DES SAINTS-PÈRES, 19

——

1900

MÉMOIRES

DE

J.-B. BOUSSINGAULT

I

Les premières luttes pour l'indépendance. — Bolivar.

Lors de l'invasion des Français en Espagne, un esprit d'émancipation se manifesta dans toutes les possessions espagnoles. Carthagène[1] d'abord, ensuite Quito, déclarèrent, dans des actes solennels, se séparer de la mère patrie. D'autres, au contraire, lui restèrent fidèles.

1. Ville de l'Amérique du Sud de la République de la Nouvelle Grenade, chef-lieu de l'État de Bolivar, un des huit de cette République, à 590 kil. N. de Bogota, sur la mer des Antilles, près de l'entrée du golfe de Darien.

Ainsi commença la lutte entre l'Espagne et ses colonies américaines, qui continua pendant des années, avec des alternatives de succès et de revers entre les deux partis et le plus souvent caractérisée par de grands excès commis par le vainqueur.

Les forces militaires dont disposaient les vice-rois de la Nouvelle-Grenade, en y joignant celles de la vice-royauté du Pérou, ne suffisaient pas pour contenir les indépendants, qui eussent sans doute triomphé sans les discordes intestines nées de chefs ambitieux et incapables. Néanmoins ils avaient fini par occuper Santa Fé.

Les Espagnols furent exilés de la capitale, dépouillés de leurs biens, en un mot traités avec la dernière rigueur. Un capitaine, Francisco de Alcantara, chargé de conduire à Carthagène quarante déportés, en fit mettre seize à mort, sous prétexte qu'ils étaient trop fatigués pour faire la route.

Ces actes de cruauté se reproduisirent fréquemment de part et d'autre.

Pendant que les patriotes étaient divisés par de mesquines prétentions personnelles, ou par leurs opinions sur la forme à donner au gouvernement républicain, on apprit qu'une armée espagnole de 12 000 hommes, commandée par le général Pablo Morillo, venait de débarquer au Vénézuéla et qu'il dirigeait ces forces sur Carthagène et sur Santa Fé.

Après un blocus, Carthagène capitula; les troupes espagnoles marchèrent alors vers l'intérieur. Dans le cours de l'année 1815, Morillo parvint à la capitale de la Nouvelle-Grenade; les patriotes se retirèrent dans les *llanos* de Casanare où, disséminés dans ces plaines interminables, ils pouvaient braver leurs ennemis.

La République naissante était déjà anéantie que ses partisans discutaient encore si elle serait centrale ou fédérale.

Le lieutenant général Morillo avait fait, en Espagne, contre les Français, la guerre de montagnes; c'était un soldat parvenu, sans éducation aucune; il avait, pour le seconder, le maréchal de camp Pascual Eurile, né à la Havane, officier de marine distingué, mais ne cédant rien à son supérieur pour la cruauté.

Les Américains, se fiant pour la plupart à l'amnistie qu'on leur avait accordée, eurent l'imprudence de ne pas chercher leur salut dans la fuite. Les hommes les plus recommandables par leur position, leur talent, furent jugés sommairement par un *conseil de purification* et fusillés. Parmi eux José Caldas, dont les travaux avaient attiré l'attention du monde savant. On espéra un moment qu'une communauté d'études lui mériterait l'indulgence, la pitié d'Eurile ; il n'en fut rien. Eurile s'empara des manuscrits, des admirables dessins, de l'herbier contenant de nombreuses plantes rassemblées à grand'-peine par Mutis, avec le concours de son élève Caldas, et des cartes topographiques dressées par ce jeune ingénieur [1].

Les prisons regorgeaient de proscrits et, durant le séjour de Morillo et d'Eurile à Santa Fé, on en mit à mort 125. Ceux qui échappèrent

[1]. La magnifique Flore de la Nueva Granada, due aux grands travaux du docteur Mutis et de ses élèves, comprenant de belles figures sur vélin, dessinées par des artistes créés à Santa Fé, est aujourd'hui déposée au Muséum d'histoire naturelle de Madrid.

Eurile, qui l'apporta en Europe, se présenta à l'Observatoire pour offrir ses hommages à l'illustre directeur de cet établissement. Arago le mit à la porte en lui disant qu'il ne pouvait serrer la main de l'homme qui avait laissé périr José Caldas, quand il aurait pu le sauver.

au supplice furent condamnés aux travaux
forcés. La persécution s'étendit dans tout le
pays. On alla jusqu'à soumettre à la torture
ceux qui refusaient de révéler la retraite de
leurs parents ou de leurs amis.

Enorgueilli par les succès obtenus dans la
Nouvelle-Grenade, Morillo conçut le projet de
pacifier toute l'Amérique Espagnole, en conduisant son armée au Pérou, à Buenos-Ayres et
même au Mexique où l'on s'était soulevé contre
l'autorité de la péninsule.

Cependant ces espérances chimériques furent
bientôt dissipées, lorsqu'on apprit que de vail-
lants chefs, patriotes, bravant tous les périls,
les plus grandes privations, continuaient la
guerre de l'Indépendance dans l'île de la Margarita, dans les plaines arrosées par l'Orénoque, et que Bolivar, alors retiré à Saint-
Domingue, organisait une expédition destinée
à la côte ferme. Les forces royalistes devaient
donc être, sans retard, dirigées vers le Vénézuéla.

En décembre 1816, 4000 hommes descen-
dirent la Cordillère pour entrer dans les *llanos*

de Casanare et de Varinas, en passant par Sogamoso et Chita.

L'armée espagnole courait à sa perte, elle allait avoir à combattre le climat et rencontrer les mêmes obstacles qui avaient décimé les bandes des *conquistadores* allant à la recherche du fantastique Dorado. Les chevaux du brillant escadron des hussards de Fernando, de l'artillerie, les mules des équipages furent promptement hors de service. Sans les cavaliers indigènes au service du roi, qui procuraient du bétail, cette armée serait morte de faim. Officiers et soldats ne tardèrent pas à être atteints de fièvres : ce ne fut bientôt plus qu'une armée de malades, opérant dans un pays ennemi, car il y eut une insurrection générale dans les *llanos* de Casanare et on y proclama l'indépendance.

Un moine, Fra Ignacio Marino, de l'ordre des prédicateurs, commandait les guérillas harcelant sans cesse les troupes royales. La cavalerie espagnole ne résistait pas à ces *llaneros* presque nus, armés d'une lance, montant des chevaux nés dans la plaine, dont le cavalier type était destiné à devenir un des héros de l'indépendance, le général Paez, qui, dans presque toutes

les rencontres, mit en déroute la cavalerie de
Morillo.

Cette supériorité des *llaneros* se soutint
durant toute la campagne de 1816 à 1818. La
guerre se faisait avec la cavalerie, fort peu
d'infanterie. La mobilité des escadrons indiens,
la promptitude de leurs mouvements, leur
habitude de traverser à la nage les rivières
grossies par les pluies, la connaissance des
moindres accidents de terrain, l'abondance du
bétail, dont la chair était l'aliment unique des
hommes, et dans certains cas celle des chevaux,
l'absence d'ambulances, de parcs, de provisions,
de munitions, présentaient aux troupes de l'indépendance des avantages appréciables.

Les chevaux et le bétail se prenaient partout
où on les rencontrait. On les considérait comme
biens communs.

Le *llanero* n'avait pas besoin d'être vêtu ; le
plus souvent il s'habillait aux frais de l'ennemi.
Plus d'un soldat de Paez, après une action
meurtrière, apparaissait sous l'uniforme d'un
hussard de Fernando. Habitués à se nourrir de
viande, d'autres aliments ne leur étaient pas
indispensables ; nageurs exercés, dès le premier

âge, dans les eaux de l'Orénoque, de l'Apuro, du Casanare, aucune rivière ne les arrêtait.

Les souffrances des *llanos*, résultant du climat, étaient réservées à ceux qui n'y étaient pas habitués. Toute personne capable de tenir une arme était incorporée dans un escadron; il n'y avait aucune exception; c'est ainsi que, dans les combats de Yagual, de Mucuritu, on voyait, parmi les lanciers, des avocats, des ecclésiastiques; les populations suivaient l'armée; pour un patriote il n'y avait pas de sécurité hors des rangs. Tous marchaient réunis, la plupart sans chaussures et à peine vêtus; hommes, femmes, vieillards, enfants, tous se nourrissaient de la même façon : de la chair de bœuf sans sel.

Si les *llaneros* détruisaient, par des charges impétueuses, la cavalerie espagnole, ils échouaient contre l'infanterie formée en carré, présentant aux assaillants un mur d'acier. Il se passait ainsi des scènes rappelant certains épisodes de la guerre d'Égypte, où quelques bataillons de fantassins bien disciplinés résistèrent à une multitude de mameluks. C'est en effet l'infanterie qui sauva ou plutôt retarda la

perte des divisions espagnoles, si imprudemment engagées dans les steppes.

Bolivar, retiré à Saint-Domingue par suite
des dissensions intestines, depuis le débarque-
ment de Morillo, arriva en décembre 1816 à
Barcelona, avec quelques officiers, une cargaison
d'armes et de munitions.

Du littoral il s'interna dans les *llanos* de
l'Apuré et passa sur la rive droite de l'Orénoque,
le 2 mai 1817, où il se réunit à la cavalerie de
Paez.

On le proclama chef suprème.

La ville d'Angostura (8° lat. N., 66° long.)
devint le centre de la République de Vénézuéla.

Les missions du Caroni, dans le haut Orénoque, desservies par vingt-deux Pères capucins très dévoués à la cause royale, furent prises
par le colonel Piar. On en tira de grandes ressources pour l'armée indépendante, en hommes,
en chevaux, en bétail. Les capucins furent
envoyés prisonniers dans le couvent de Carache.

Bolivar, dans son quartier général d'Angostura, organisait et concentrait l'armée patriote.

quand il fut informé que Morillo, à Chaparro, voulait soustraire la Guyane aux républicains.

En conséquence, on donna l'ordre à l'officier qui commandait à Carache de conduire les capucins confiés à sa garde dans une mission située au delà du Rio Caroni; cet officier, imaginant qu'il s'agissait de faire passer la barque à Caron aux malheureux prisonniers, les fit mettre à mort. Ils furent massacrés par leurs néophytes indiens.

La campagne des *llanos* continua très activement. Morillo fut grièvement blessé d'un coup de lance dans l'abdomen, et Bolivar atteint des fièvres.

C'étaient essentiellement des combats de petites guérillas et on ne peut, sans sourire, voir le chef suprême d'une République, en partie encore au pouvoir de l'Espagne, organiser sa maison militaire composée de tirailleurs, de grenadiers, de dragons de la garde; plus tard on eut un régiment des guides.

C'était une manie du général Bolivar de chercher à imiter Napoléon Ier. Il en résulta, dans un pays où il eut si longtemps une grande et légitime influence, une tendance à un militarisme nuisible.

Bolivar était enthousiaste du grand Empereur. Se trouvant à Paris en 1803 et 1804, il assista à une revue que le Premier Consul passait dans la cour des Tuileries. On le vit, les jours suivants, se promener avec le petit chapeau légendaire et la redingote grise. Humboldt et Gay-Lussac, ses amis, le crurent atteint de folie.

J'ai vu Bolivar, bien des années après, porter un uniforme bleu, à revers, rappelant, par sa coupe, celui qu'affectionnait particulièrement l'Empereur.

Dans ses proclamations, passablement ampoulées, le Libertador cherchait à imiter le style également ampoulé de Napoléon. Cette manie de l'imitation, chez un homme d'une valeur, d'un courage incontestables, était assez curieuse.

Dans son entourage, on eût trouvé de bons divisionnaires, Paez, Sucre, etc.

Le militarisme, créé dès le commencement de la guerre de l'indépendance, reçut un jour, dans la personne du Libertador, une rude leçon.

Dans un banquet diplomatique quelqu'un l'ayant comparé, dans un toast, à Washington, un Américain du Nord, blessé de la comparaison, prit son verre en mains et déclara qu'au point de vue de la liberté, Washington mort valait mieux que Bolivar vivant.

Au milieu des événements d'une guerre incessante, on installa un congrès constituant à Angostura. Les forces espagnoles, restées dans la partie montagneuse de la Nouvelle-Grenade, avaient été nécessairement affaiblies. Bolivar pensa qu'il convenait de tenter une campagne dans la Cordillère, pendant que Paez continuerait à opérer dans l'Apuro.

Les troupes conduites par le Libertador étaient principalement formées de *llaneros*; aussi purent-elles, malgré l'époque de la saison pluvieuse, les inondations, triompher de tous les obstacles; mais aussitôt qu'on atteignit la région froide, un grand nombre de ses soldats, accoutumés aux climats ardents des *llanos*, succombèrent.

Bolivar s'empara de Tinya, où il put se ravitailler. Une bataille décisive, remportée à Boyaca

par les indépendants, leur ouvrit les portes de
Santa Fé. Le vice-roi Samano s'enfuit à Hundo,
si précipitamment, qu'il n'eut pas le temps d'emporter le trésor : 700 000 piastres.

Bolivar fut reçu comme un libérateur, avec
l'enthousiasme que l'on accorde toujours aux
vainqueurs.

Ainsi se termina cette campagne devenue célèbre, qu'on avait conçue et exécutée avec une
décision et une intrépidité remarquables.

La déroute de Boyaca jeta dans l'armée espagnole une panique que justifiait l'acte commis
par le général Santander chargé du gouvernement de la Nouvelle-Grenade en faisant passer
par les armes trente-huit officiers de la garnison royaliste de Santa Fé.

C'étaient, après tout, de tristes représailles ;
mais ce qu'il y eut d'odieux dans ces exécutions,
ce fut celle d'un négociant espagnol ayant eu
l'imprudence d'exprimer un sentiment de com-
passion, en voyant les apprêts du supplice de ses
compatriotes. Il fut arrêté et fusillé avec eux.

Après sa victoire, Bolivar marcha sur le Véné-

zuéla pour paralyser les efforts que Morillo aurait pu tenter en vue de reprendre Santa Fé. Il
se rendit à Pamplona pour organiser l'armée du
nord, puis à Angostura, où il apprit l'arrivée à
Margarita de la légion irlandaise, forte de
5 000 hommes, commandés par le général
d'Évreux [1].

Le congrès d'Angostura, ayant réuni la Nueva
Granada à la capitainerie générale du Vénézuéla,
proclama, le 17 décembre 1819, que la République de Colombie était constituée.

Bolivar avait reçu, à Cuenta, où il avait vu le
général Morillo, la proposition d'une suspension
des hostilités pendant un mois.

Les chefs espagnols comprenaient les impos-
sibilités de remettre les Américains sous le
joug.

Les Espagnols perdaient successivement du

---

1. Le général d'Évreux fut un enthousiaste de l'indépendance de l'Amérique espagnole. Il recruta la légion irlandaise. Dans toutes les transactions, il fit preuve d'un grand
désintéressement.

La légion était habillée et armée sur le pied de l'infanterie anglaise.

Chaque soldat revint à la République à 300 piastres fortes
(1 500 francs). Ce prix détermina le général à ne plus demander de soldats à l'Europe.

terrain. La province de Cumana était libre. Les patriotes avaient repris Merida et Truxillo. Des officiers royalistes passaient au service colombien : c'était un symptôme de profond découragement.

Néanmoins Morillo avançait dans la Cordillère. Son quartier général était à Caracha, quand Bolivar se retira pour prendre une forte position à Savanalarga.

Avec des troupes formées de recrues, n'osant faire de mouvements offensifs, il resta en expectative. Ce fut alors que le général espagnol proposa un armistice de six mois, s'étendant à tout le territoire de Colombie. Les négociations commencèrent ; la suspension d'armes fut déclarée. Ensuite eut lieu, dans le village de Santa Ana, la célèbre entrevue de Bolivar et de Morillo. La guerre fut régularisée.

Ces généraux passèrent une journée sous le même toit. Ce fut un curieux spectacle de voir ces deux hommes, ennemis implacables pendant des années, couchés dans un même hamac ou échangeant, dans un repas, des toasts empreints des plus nobles et des plus généreux sentiments, en faveur de la paix.

On oublia, pour un instant, la lutte cruelle dans laquelle tant de sang avait été répandu.

Un mois après, le général Morillo, relevé, sur sa demande, de son commandement, retournait en Espagne, laissant comme son successeur le général Latorre, tandis que Bolivar gagnait la province de Quito, pour faire accepter, dans le sud, les conditions de l'armistice.

Une difficulté se présenta lorsqu'une colonne essaya de passer par la ville de Pasto ou plutôt de la tourner. Toute la province était en insurrection par l'influence de l'évêque de Popayan, Ximenès de Padillo, faisant prêcher son clergé contre les patriotes hérétiques et schismatiques.

La province de Los Pastos, par les accidents de terrain, présente des positions inabordables, et il fallut du temps pour s'en emparer.

La province de Los Pastos a été, de tout temps, par ses montagnards aguerris et fanatiques, la Vendée de l'Amérique méridionale. Le général Sucre finit cependant par y imposer l'armistice.

Les hostilités recommencèrent dans le Vénézuéla à l'expiration de la trève. Les Espagnols, battus à Carabobo, se réfugièrent à Puerto Cabello, dont le blocus, commencé en 1822 par Paez, continuait, lorsque je me rencontrai avec lui à Maracay en février 1823.

Le 15 avril, les patriotes s'emparèrent successivement de la vallée de Borburato, du fort du Trincheron et de plusieurs autres points importants; mais la place ne capitula que le 10 novembre.

La garnison espagnole s'embarqua pour Cuba.

La reddition de Puerto Cabello et l'expulsion des restes de l'armée expéditionnaire que conduisait Morillo en 1815 sur les plages américaines, laissèrent libre le territoire de Colombie formé alors du Vénézuéla, de la Nouvelle-Grenade et de la province de Quito.

Sur quelques points seulement, on rencontrait des *guérillas* royalistes pillant, assassinant aux cris de : Vive le roi!

Les vues du Libertador tendaient déjà à l'émancipation du Pérou.

Telle était la situation de la Colombie, lorsque je quittai le général Paez pour me rendre à Santa Fé.

II

Le plateau de Bogota, sur lequel s'était développée la civilisation *muysca*, entravée par
l'arrivée des Européens, a, comme je l'ai dit,
une superficie d'environ 40 lieues carrées.

Le terrain dominant consiste en dépôts de
grès et de calcaire qui recouvrent, sur une étendue considérable, la chaîne des Andes et ses
ramifications.

Des montagnes du littoral de Vénézuéla, formées de granit, de gneiss et de micaschiste, de
schiste argileux, on aborde, en avançant vers
le sud, la cordillère orientale. C'est vers Guibor
Barquisimeto qu'apparaissent les roches stratifiées, arénacées et calcaires, reposant sur un

schiste bleu fortement carburé, ayant l'aspect de l'ardoise et dans lequel sont disséminées des staurotides, des macles, figurant assez bien la forme d'une croix et, par cela même, étant un objet de vénération chez les Indiens. Le schiste, rappelant la grauwacke, est adossé à du gneiss, à du micaschiste granitifère. On suit le calcaire, le grès, avec indice de charbon jusqu'au pied de la Sierra Nevada de Merida, où l'on retrouve les roches du littoral.

Après avoir franchi le point culminant du *páramo* de Mucuchies, d'une altitude de 4241 mètres, on revoit les roches cristallines que l'on avait observées pendant l'ascension, puis les terrains stratifiés que l'on ne quitte plus qu'à l'esplanade de Bogota, si ce n'est, çà et là, pour traverser des zones peu étendues, où apparaissent les schistes, le gneiss et le granit. Le grès prend alors une grande extension ; formant de puissants massifs, s'étendant vers le sud jusqu'à la vallée de la Magdalena; à l'est le grès, les calcaires et les schistes carburés recouvrent les pentes orientales et constituent le sol des steppes du Meta, de Cassiquiare [1].

1. Vue des couches prise à Agua-Orispa, *Journal*, tome I;

L'idée que fait naître l'exploration de la cordillère orientale, c'est que les couches arénacées plus ou moins inclinées, quelquefois contournées, plissées, brisées, ont été soulevées par l'exhaussement du granit, du gneiss, du micaschiste, dont elles occupent les pentes et le fond des vallées formées par le soulèvement.

A l'occident du plateau de Bogota, on voit un schiste très carburé, dont les assises, presque verticales, se prolongent de Villeto à Carachi. On y a exploité du cuivre pyriteux et il est probable, comme je l'établirai bientôt, qu'elles renferment le gisement des émeraudes de Muzo.

A l'est, on reconnaît le même schiste dans le *páramo* de la Summa Paz.

Si l'on considère la configuration du plateau, le cours du Rio Funza, les lagunes, on en tire cette conséquence que le plateau de Bogota est le fond d'un lac mis à sec par la rupture des roches qui en forment la limite sud, précisément là où l'on admire aujourd'hui l'étonnante cascade de Tequemada.

aspect des couches au lieu nommé Cueva de la Iglesia. *Journal*, tome II, p. 79.

Dans la vallée de Futscha, à l'endroit nommé *el Campo de los Gigantes* (le Champ des Géants), en creusant à une très petite profondeur, on met à découvert des ossements de mastodontes et d'éléphants. A Zipaquira, un amas de sel gemme repose sur un schiste carburé ayant des couches de fer spathique.

Le grès consiste le plus ordinairement en grains de quartz agglomérés. Sa structure, assez souvent schisteuse, est alors divisible en plaques minces remplies de lamelles de mica ; fréquemment, le grès, entièrement siliceux, est en couches puissantes, avec cailloux de quartz blanc comme le grès des Vosges, ou bien encore teinté de nuances variées du jaune au rouge fortement micacé. On le prendrait alors pour du grès bigarré.

Le calcaire ayant l'apparence d'une marne carburée, du lias, alterne, à n'en pas douter, avec le grès en stratification concordante. Les coquilles fossiles sont abondantes dans certaines couches calcaires, plus rares dans le grès. Près de Duytama, on découvre des débris de tiges.

Un caractère propre aux deux roches, c'est d'être en strates dépassant rarement un mètre

d'épaisseur. Il a été réellement impossible
d'assigner une position indépendante à l'une ou
l'autre de ces roches sédimentaires, bien que,
près de leur point de superposition, de leur contact avec les terrains anciens, le calcaire paraisse
être plus développé que le grès.

Dans le schiste argileux, tel que celui de
Villeto ou de Carachi, supportant le terrain
stratifié, il n'est pas rare de voir des rognons
ellipsoïdes de calcaire coquillier, dont on a même
retiré des ammonites bien conservées, enchâs-
sées dans la masse schisteuse.

Les caractères minéralogiques sont insuffi-
sants pour assigner la place qu'un terrain sédi-
mentaire occupe dans la série géologique. Il
faut, pour classer une formation, avoir recours
à la paléontologie. Grâce aux fossiles rapportés
des régions équinoxiales par de Humboldt et à
la collection que j'ai eu le bonheur de rassem-
bler, de Buch et Alcide d'Orbigny ont pu dis-
cuter l'âge des dépôts arénacés et calcaires qui
dominent dans la Cordillère des Andes.

Il est résulté de cette discussion que les calcaires et les grès appartiennent à la partie inférieure du groupe crétacé, au calcaire néocomien,

au Quadersandstein. Près Bogota, à Sogamoso, à Zipaquira, Carachi, las Palmas, Socorro, Duytama, les coquilles rencontrées dans le grès sont celles du Quadersandstein[1].

Le charbon de terre de Canoas, celui des environs de Zipaquira, n'appartiennent pas au terrain houiller proprement dit. On n'y rencontre pas d'indices de fougères ni de lycopodiacées, de conifères, mais des impressions de feuilles de dicotylédonées, et qui, d'après de Buch, rappelleraient les feuilles de *Credneria*, si communes dans le grès inférieur crayeux de Blackenburg.

La masse énorme de sel gemme de Zipaquira semble avoir été déposée après la formation de craie et, de même que le sel de Wieliczka, représenter le terrain tertiaire.

Ainsi il résulterait de la nature des fossiles

---

1. *Hamites degenhardotii — Trigonia alæformis — Ecogia Boussingaultii, Exogia Couloni...*

Dans le calcaire : espèces décrites par d'Orbigny : *Ammonites Boussingaultii — A. Dumasianus. — A. Santaferinus. = Rostellaria Boussingaultii — R. angulosa — R. americana. = Cardium colombianum — Tellina Bogotina — Trigonia Boussingaultii. T. abrupta. — Cuculea dilatata. — C. Tocaymnensis Ostrea abrupta...*

dont les restes sont disséminés dans le terrain stratifié, que la Cordillère orientale des Andes a été soulevée, non seulement après le dépôt de la formation crétacée, mais encore après l'alluvion ancienne où sont ensevelis les ossements des grands pachydermes.

Je décrirai maintenant les richesses minérales exploitées par les Muyscas avant la conquête et dont les travaux sont encore aujourd'hui en pleine activité : le sel de Zipaquira, les salines de Nemocon et de Chito, les émeraudes de Muso. L'or qui circulait sur le plateau de Bogota provenait des territoires voisins, particulièrement des lavages de Giron [1].

§ 1. — SEL GEMME. — SALINES

Le sel gemme de Zipaquira est une source importante de revenus pour l'État de la Nouvelle-Grenade. L'exploitation pratiquée sous les Muyscas a été continuée et développée après la

1. Ayant visité plusieurs fois ces gisements, je ne suivrai pas l'ordre chronologique, je grouperai, dans un chapitre unique, les observations recueillies à différentes époques.

conquête. Le village indien est devenu une ville
de cinq à six mille habitants occupés aux travaux des mines et au commerce du sel.

En 1825, de graves désordres éclatèrent à
Zipaquira par suite des tentatives faites par
l'autorité pour faire cesser les fraudes, les dé-
tournements que commettait impunément la population, au plus grand détriment des intérêts
du fisc. Un détachement envoyé pour maintenir
l'ordre fut désarmé, un soldat assassiné.

C'est alors que je fus envoyé à Zipaquira
pour pacifier et au besoin pour sévir. J'avais
été précédé par une compagnie d'artillerie ; je
profitai de cette mission pour compléter mes
études sur les gisements de sel gemme.

Zipaquira est à sept ou huit lieues au nord
de Bogota, d'où je partis le 14 juin, monté sur
mon excellent gris-pommelé qui devait franchir
la distance en trois heures environ. J'avais envoyé en avant un piéton indien porteur de mon
baromètre, et, à 4 heures du soir, j'entrais
dans Zipaquira, quand mon attention fut attirée
par un rassemblement à la porte d'un débit de
chicha (boisson). Quel ne fut pas mon étonnement, et je puis dire ma douleur, en voyant

mon Indien piéton entouré d'une douzaine
d'hommes ivres contre lesquels il luttait en les
assommant à coups de baromètre. Au moment
où j'intervenais, l'Indien frappa sur un des
assaillants avec une telle violence que la cuvette
de l'instrument ayant été démontée, il en résulta
une pluie de mercure qui mit en fuite toute la
bande effrayée d'une si singulière aspersion. Un
beau baromètre de Fortin, comparé au baromètre de l'Observatoire de Paris, était mis hors
de service.

Je descendis de cheval chez l'administrateur
des salines. Un *bando* (proclamation) que l'on
publia pour faire savoir que ceux qui ne se
retireraient pas chez eux seraient fusillés, calma
l'effervescence populaire. Une enquête m'ayant
appris que le soldat avait été massacré par des
femmes, on ne fit aucune poursuite, il aurait
fallu punir presque toutes les citoyennes *sali-
neras*.

Le sel gemme, comme enveloppé dans l'argile noire, est sur un grès dont les strates plon-
gent de 40 degrés avec une direction N. N.-O.
La superposition est évidente dans le lit du Rio
Negro. Dans l'argile noire on remarque des

rognons déprimés d'un calcaire gris foncé,
fétide, de la pyrite cubique, de la chaux sulfatée
fibreuse, anhydre, du soufre en morceaux trans-
parents.

L'amas de sel a une hauteur de 350 mètres,
y compris l'épaisseur de l'argile qui le recouvre
de 20 mètres environ. L'exploitation a lieu à ciel
ouvert, en gradins. A la partie inférieure, le sel
est d'une grande pureté, de structure fibreuse,
vers le haut, il est souillé par de l'argile. Cette
masse saline n'est pas stratifiée.

Sur plan, le sel en roche est vendu 5 réales
l'arrobe ; mais la plus grande partie est d'abord
purifiée, transformée en blocs pour être livrée
à la consommation. A cet effet le sel gemme est
mis à dissoudre dans les réservoirs, jusqu'à ce
que l'eau soit saturée. L'eau salée est alors
évaporée dans de petites marmites en terre
cuite, à fond hémisphérique de 18 pouces au
plus grand diamètre. Ces marmites, nommées
cazuelas, fabriquées par les indigènes, sont dis-
posées en grand nombre sur la voûte très sur-
baissée de longs fourneaux chauffés au bois. On
remplit d'abord les *cazuelas* d'eau saturée et, à
mesure que le liquide diminue par l'évapora-

tion, on le remplace. Des Indiennes sont chargées de verser continuellement de l'eau salée
dans les vases, au moyen d'une calebasse (*tutu-
ma*), faite de *crescentia*, fixée à l'extrémité d'une
longue perche. L'opération est terminée quand
les *cazuelas* sont remplies de sel solide, en
partie calciné, car le fond des vases, exposé
directement à l'action du feu, atteint l'incan-
descence. Après le refroidissement, on brise les
cazuelas pour en retirer un bloc à peu près
hémisphérique d'un sel d'une très grande dureté
(*sal cocida*). Ce sel se vendait 6 réales l'arrobe.

En disposant d'un nombre suffisant d'ouvriers,
l'évaporation a lieu en 2 jours (48 heures). Le
refroidissement et le démontage exigent aussi
2 jours. Le montage d'un fourneau est fait en
3 jours ; il se passe ordinairement 5 à 6 jours
entre la fin et le commencement d'une opération.

Le procédé d'évaporation est celui des Muyscas. Lorsque je visitai Zipaquira, les Espagnols
n'y avaient rien changé. Le sel cuit, sortant des
cazuelas, a une propriété fort appréciée des
acheteurs, c'est que, en raison de sa forte cohésion, il résiste à l'action dissolvante de l'eau,

mieux que le sel en roche, mieux encore que le
sel en grains. Il est d'ailleurs plus facile à transporter à dos de mulet : 4 blocs font une charge
pouvant être exposée à la pluie, à l'eau des
torrents qu'on traverse, sans éprouver d'avarie.

Le nombre de *cazuelas* placées sur un fourneau a été pendant ma mission :

                Maximum   319
                Minimum   111
                Moyenne.   264

De chaque *cazuela* on retire, en moyenne,
3 arrobes 6 de *sal cocida*, ayant une valeur de
21 réaux 6/10.

Un montage de 264 *cazuelas* produisait donc
950 arrobes 4/10 de sel, valant sur place 712
piastres 6 réaux.

Outre la *sal cocida*, on retire du fourneau,
après le démontage, du sel venant de la rupture
des vases ; c'est la *chirgua*. Le sel mêlé aux
cendres du foyer est la *salitre*. Ces produits
sont livrés à bas prix. Comme combustible, on
brûle des fagots que des Indiens (*limadores*)
vont chercher dans les forêts voisines. La *carga*
est payée 2 réaux ; le poids ne doit pas dépasser
2 arrobes.

Pour une cuite opérée dans 263 *cazuelas*, ayant produit (moyenne) 1003 *arrobes* de sel, on consomma 985 *cargas*, représentant une valeur de 246 piastres 2 réaux et pour 32 piastres 7 réaux de *cazuelas*, chaque *cazuela* étant payée 1 réal aux Indiens potiers de terre. La main-d'œuvre d'une cuite est de 44 piastres, 4 réaux.

On aurait donc, pour la production de 1003 arrobes de *sal cocida* résultant d'une cuite, sans compter la valeur du sel gemme employé à saturer l'eau évaporée, et les frais d'administration :

	Piastres.	Réaux.
Main-d'œuvre	44	4
Cazuelas.	32	7
Combustible.	246	2
Total	323	5
1000 arrobes de *sal cocida* valent	752	2
A déduire : frais.	323	3
Bénéfice.	328	3

Voici le relevé de la vente opérée à Zipaquira, pendant le mois de mai 1825 :

	Arrobes.	Piastres.	Réaux.
Sal virgen (en roche).	5587	3491	7
Sal cocida.	17399	13049	4
Chirgua et *salitre*	172	21	
Total.		16562	3

En admettant que ce chiffre soit la moitié de la valeur annuelle, ce qui est vraisemblable, il sortirait annuellement de Zipaquira :

Sal cocida . . . . 208 788 arrobes
Sal virgen . . . . 67 044 —

La production étant généralement inférieure à la demande, l'administration encaisserait par là 198 744 piastres.

Le bénéfice le plus élevé est dû, sans aucun doute, à la vente du sel gemme, dont l'extraction coûte fort peu.

C'est sur le sel en roche que portait la fraude que l'on voulait empêcher. Dans les perquisitions ordonnées par l'autorité, on trouva de fortes quantités de ce sel cachées dans la plupart des habitations.

Avant la conquête, les Muyscas, dépourvus d'instruments en fer, ne pouvaient pas attaquer le sel en roche : ils se bornaient à évaporer l'eau quand elle était saturée. C'étaient les sources salées qu'ils exploitaient, surtout celles de Nemocon.

Aujourd'hui encore, cette saline est la propriété des indigènes.

Le village de Nemocon est à 2 lieues et demie au nord-est de Zipaquira. L'argile noire renfermant du sel gemme contient de la pyrite, du gypse. Elle repose sur les strates de grès plus ou moins colorées, peu épaisses, inclinées de 45° au S. S.-O.

J'ai vu des rognons de calcaire noir coquillier dans cette argile salifère, ce que je n'avais pas remarqué à Zipaquira.

Le puits fournissant l'eau salée contenant 0,24 de sel, est creusé dans l'argile. On y pénètre par un escalier ayant $3^m,965$ de diamètre et $3^m,660$ de profondeur. La capacité est de $45^{mc},16$. Il n'était pas, à beaucoup près, aussi grand sous les Muyscas.

On procédait à la distribution de la façon suivante : un Indien avait droit à l'eau captée en un jour et une nuit seulement. Chacun emportait l'eau qui lui était assignée dans sa hutte, où il l'évaporait.

Le gouvernement administre actuellement la saline de Nemocon, tout en reconnaissant le droit de propriété des Indiens. Il leur paie pour cela la moitié du revenu.

En 1781, lorsque l'État se substitua aux indigènes, il y eut un soulèvement; les indigènes incendièrent la maison de l'administration. Il fallut faire venir des troupes de Bogota pour apaiser la sédition. Bon nombre de Muyscas furent massacrés; on envoya quelques têtes au vice-roi.

A l'*hacienda* de Suzate, près Nemocon, je reconnus trois belles couches de houille dans le grès à strates, presque verticales, de 1^{m},525 de puissance, intercalées dans le grès. Il y a des couches schisteuses avec empreintes végétales. Ce charbon est utilisé dans la saline.

A Zipaquira, la vue est bornée par une montagne assez élevée que je dus passer pour me rendre à Pacho, afin de reconnaître ce qu'il y avait au delà du terrain salifère. Arrivé sur le point culminant, on descend à Pacho. Au N. N.-O. de la ville on exploitait une couche de fer spathique de plus d'un mètre de puissance, dans un schiste semblable à celui de Villeta et supportant le grès et le calcaire. Dans l'une et l'autre de ces roches stratifiées j'ai recueilli de beaux échantillons de fossiles appar-

tenant au terrain néocomien, entre autres la
trigonia alæformis.

Une source salée d'une abondance extrême
surgit à environ 40 lieues de Zipaquira sur le
versant oriental de la Cordillère, allant s'étein-
dre dans les *llanos* de Casanaro et de Mesa.

Une ligne partant de Zipaquira, suivant une
direction N.-E., rencontrerait les trois gisements salifères les plus importants de la Nouvelle-Grenade : Zipaquira, Nemocon, Chita.

C'est en traversant la Cordillère depuis Satira
jusqu'aux environs de Pore que j'ai pu étudier
la situation géologique des salines de Chita.

On quitte la route de Capitanejo conduisant
à Pamplona, pour marcher à l'E. N.-E. De
Satira on descend dans la vallée du Chicamocho
pour remonter ensuite à Jérico.

Près de Cheva, le grès avec empreintes de
dicotylédonées alterne avec le calcaire coquillier. A Chita (altitude 2 410 m.) les couches calcaires et arénacées sont singulièrement boule-
versées. Parvenu sur le *páramo* formant la
ligne de partage des eaux allant aux *llanos* et

de celles qui se rendent dans le Chicamocho, à l'altitude de 3 681 mètres, le grès, très siliceux, prend un aspect lustré.

En descendant du *páramo*, à la belle cascade de Rucubeche (altitude 1 923), on trouve un grès très schisteux, que l'on ne quitte plus et qui constitue la roche de Las Salinas de Chita, grand village de 300 familles, placé au fond d'une gorge très resserrée, où coule le Rio Casanaro.

Il y a, par le commerce du sel, un mouvement, une animation qu'on observe rarement dans l'Amérique espagnole. Salinas est à deux lieues de Pore, capitale des *llanos*.

Les eaux salées sourdent sur la rive gauche du torrent. Aussi sont-elles inabordables pendant les crues. Elles émergent d'un schiste noir, carburé, un grès à grains fins, rempli de parcelles de mica.

Près de Las Salinas, la roche prend un grand développement. Les strates, presque verticales, ont une direction N.-S. Une particularité est que les eaux sont chaudes. J'ai trouvé 44° pour leur température.

On connaît plusieurs sources salées, éma-

nant de schistes. Deux seulement, les plus abondantes, sont utilisées.

L'eau, d'après l'administration, renfermerait
0,25 de substances salines.

L'évaporation se fait dans des *cazuelas*,
comme à Zipaquira; ces vases reviennent à
8 réaux, à cause de la rareté de l'argile propre
à leur préparation. Le bois est très abondant.
On le paie à raison de 1 réal la *carga* de 4 arrobes. On affirme que, pour obtenir 1 de *sal
cocida*, on consomme 10 de combustible.

On obtient annuellement 10 000 *cargas* de sel
de 10 arrobes.

C'est un produit bien inférieur à celui de Zipaquira, où on fait 209 000 arrobes de *sal cocida*
et où on livre en outre au commerce 67 000 arrobes de *sal virgen*.

Au reste, à Chita, la production est limitée
par la demande; car il est hors de doute que
l'on pourrait fabriquer infiniment plus de sel.

Les salines de Chita ne sont pas, comme à
Zipaquira, dans l'argile noire; on n'y connaît pas
de gîte de sel gemme.

L'eau, saturée de sel, sort d'un schiste faisant
partie du Quadersandstein, si l'on en juge par

les fossiles observés, peut-être aussi du calcaire
néocomien qu'on n'aperçoit pas dans la vallée,
mais qui peut se trouver en relation avec le
grès schisteux. De plus, les eaux salées sont
chaudes et sourdent à une altitude beaucoup
moins élevée : 1 460 mètres.

Des salines nous rejoignîmes la route de l'am-
plona en repassant par le *páramo*. Près d'un
petit lac, le baromètre donna pour hauteur
3 596 mètres. Son aspect est rendu des plus
pittoresques par l'abondance des plants laineux
d'*Espeleteria* dont il est entouré. L'eau paraissait noire par réflexion, bien qu'elle fût incolore
et limpide. Le thermomètre y marquait 8°,3.

De Chita nous descendîmes dans un torrent,
(altitude : 2 566 mètres) pour monter ensuite à
l'Alto de Cusugui (altitude : 3 362 mètres).

Nous étions toujours sur le grès dans lequel
on apercevait du quartz noir de la Lydienne :
les strates sont contournées, comme brisées. La
surface des couches de grès présente l'apparence d'empreintes de racines, de branches de
la grosseur du bras. Je ne crois pas que ce soient
des fossiles, mais une disposition particulière,
un accident que j'avais eu déjà l'occasion d'ob-

server dans les environs de Capitanejo, là où la roche est peu inclinée.

De l'Alto de Cusugui, on descend dans l'étroite et fertile vallée de Uvita.

Avant d'arriver à Soata, on constate parfaitement la stratification concordante du calcaire coquillier avec le grès à fossiles.

A Soata nous étions sur la route qui conduit à Capitanejo et, de là, à Pamplona et à la Sierra de Merida.

§ 2. — MINES D'ÉMERAUDE DE MUZO

Muzo est à l'extrémité nord de l'esplanade de Bogota.

Lors de la conquête ses habitants étaient en hostilité constante avec le *zaquo* de Tunja. Ils furent vaincus après une vive résistance, quand les Espagnols eurent pour auxiliaires ces terribles chiens, la terreur des Indiens.

C'est de Zipaquira que je partis pour aller visiter les ruines de Muzo. En me rendant aux salines, j'avais passé le Rio Bogota en radeau, la crue ayant rendu le gué impraticable.

En traversant le village de Chia (tchia), je fus

frappé de l'abondance des pommiers et de la beauté de leurs produits. La pomme est peut-être le seul fruit importé d'Europe qui atteigne une maturité convenable sur les plateaux froids des Andes.

Après avoir franchi le *páramo* de Tausa j'entrai à Ubaté, grand village dans une plaine étendue et fertile, place d'un ancien lac.

Le jour suivant était un dimanche. Je dus assister à une messe que je trouvai fort divertissante, parce que, durant le service, des Indiens, couronnés de fleurs et se tenant par la main, dansaient au son du hautbois et du tambourin. C'est un usage païen que le clergé a cru devoir conserver ou plutôt tolérer.

Dans l'église je vis un crucifix d'une grande réputation : on le promena le soir, dans une grande procession aux flambeaux. La nuit, il y eut un *fandango* échevelé chez le curé.

A deux lieues au nord d'Ubaté se trouve le Pueblo de Taquené, placé à une assez grande distance d'un lac de 4 lieues carrées ; sa profondeur ne dépasse pas 3 mètres.

A l'époque des sécheresses, les fièvres paludéennes sont fréquentes dans les environs du lac.

J'arrivai à Zimijaca (altitude : 2 883 mètres) en passant par Suza et la Boca del Monte, limite septentrionale du plateau de Bogota.

De ce point on descend vers la région chaude. On fit halte à Puripi (altitude : 1 304 mètres), puis nous arrivâmes au Rio Minero (altitude : 506 mètres), et au Paso de Guaso.

Après un parcours de 16 lieues au nord, le Minero se réunit au Rio Horto, qui se jette dans la Magdalena.

A partir de Puripi, nous avions marché sur un schiste noir, très feuilleté, à grains fins : une grauwacke.

Le Rio Minero est un torrent d'une grande rapidité. On le passe sur un pont formé par une sorte de hamac construit en lianes dont les extrémités sont attachées à de grands arbres. On éprouve une singulière sensation en marchant sur un système en oscillations perpétuelles. Ce n'est pas sans danger que nos mules purent passer d'une rive à l'autre. Ces pauvres bêtes résistaient et, une fois dans l'eau, telle était l'impétuosité du courant qu'elles roulèrent plusieurs fois sur elles-mêmes, avant de pouvoir prendre pied.

En sortant du Rio, on monte par une rampe très inclinée jusqu'à Muzo. Nous souffrîmes infiniment de l'insolation, de la chaleur insupportable que nous ressentions dans le chemin pratiqué dans une roche noire, tellement chaude que c'est à peine si on pouvait la toucher.

Nous logeâmes chez l'alcade Ignacio Morales, administrateur des mines alors abandonnées et qu'on exploitait autrefois pour le roi d'Espagne.

Muzo était jadis une ville importante. On y comptait jusqu'à douze *caballeros cruzados*, des chevaliers de l'ordre de Santa Isabel la Catholique.

Lors de ma visite, elle ne comptait plus que des ruines, dans lesquelles logeaient, çà et là, quelques misérables, atteints de la fièvre.

De son ancienne splendeur, Muzo n'a plus qu'une vierge très vénérée, vêtue d'un costume d'une grande richesse. Son buste est très beau. Elle portait une ample robe de velours bleu, ornée de franges d'or. Son front était ceint d'une couronne d'or et un collier de perles fines d'une grosseur remarquable entourait son cou.

Le sacristain qui nous la montrait attira notre attention sur la parfaite conservation de la *señora*.

« Voyez, disait-il, elle ne vieillit pas. Son teint est toujours animé, regardez ses beaux yeux noirs ; son vêtement est toujours neuf, quoiqu'elle le porte depuis plus d'un siècle ; les termites, auxquels rien ne résiste, puisqu'ils détruisent nos maisons, l'ont respectée ; c'est un miracle ; et son corps, donc, vous allez voir, est incorruptible. »

Ayant fait le signe de la croix, il retroussa la robe. Ce que nous vîmes, ce furent deux charpentes, de trois décimètres d'équarrissage, que les insectes avaient épargnées, parce qu'elles étaient en bois de cédron, bases solides sur lesquelles reposait le buste de l'idole.

« C'est que c'est une vraie vierge, ajouta-t-il avec enthousiasme, bien autre chose que celle qu'on pourra vous montrer à Chiquinquira, une « pas grand'chose », et, se tournant vers moi : pas plus vierge que vous, mon jeune officier, une intrigante, trouvée on ne sait où, ni comment. La nôtre est venue de Castille, et elle est *pura, inmaculada.* »

Il y avait sans doute quelque chose de risible à entendre le brave homme vanter sa *nuestra señora*, son fétiche ; mais quel est celui de nous, même parmi les plus éclairés, qui n'ait pas son fétiche ?

Ceci me rappelle qu'en Alsace, étant en diligence, le curé de Haguenau sortit une superbe pièce de dentelle qu'une de ses riches paroissiennes envoyait au pèlerinage de Marienthal.

« Comme la bonne Vierge va être heureuse, lorsqu'elle recevra ces belles dentelles ! » disait le curé avec une joie enfantine.

On le voit, l'ecclésiastique de Haguenau était tout aussi simple que le pauvre sacristain de Muzo. Au reste, toute conviction est respectable par sa sincérité.

Les mines sont à deux heures au sud de Muzo.

Il fut impossible de pénétrer dans les travaux abandonnés. Une galerie plongeante, celle de San Antonio, était inondée. Elle est percée dans le schiste noir, très carburé, le schiste de Villeto, qui s'était montré à Puripi.

Les parois de la mine étaient recouvertes d'efflorescences de sulfate de chaux, de sulfate de magnésie, dus à l'altération des pyrites et de concrétions calcaires. Dans le schiste, on voyait du calcaire spathique blanc laiteux :

c'est le plus ordinairement la gangue des émeraudes.

A l'entrée du souterrain on remarquait des stalactites ferrugineuses ; une épaisse végétation arborescente, développée depuis l'abandon des mines, empêchait de faire une plus ample reconnaissance.

Après cette excursion, nous descendîmes dîner au-dessous de la mine de San Antonio.

J'étais assis sur un banc, en dehors de l'habitation et à côté de trois enfants auxquels j'inspirais naturellement une vive curiosité, quand passa devant nous, à quelques pas, rampant lentement, un énorme serpent, de trois mètres de longueur, dont le corps avait bien quinze centimètres de diamètre.

Pendant qu'il soulevait sa tête hideuse pour nous regarder, je l'ajustai, et j'allais lui envoyer ma charge de gros plomb, quand les enfants, abaissant ma carabine, se mirent à crier : « Pour l'amour de Dieu, ne le tuez pas ! c'est un ami, il détruit la vermine de la maison ; sans lui nous serions dévorés par les rats et par les fourmis ! »

Les enfants le connaissaient et ne s'en effrayaient nullement, quand ils le voyaient chez eux. C'était une couleuvre, *caladora*, blanc livide, œil rougeâtre. Je la laissai passer.

Les Indiens ne pratiquaient pas de galerie dans le schiste ; si ce n'est des espèces de tranchées sur des affleurements de filons que leurs épieux en bois pouvaient entamer. Ils procédaient à l'exploitation en attaquant la montagne entière, en créant, pour ainsi dire, des déblais, dans lesquels ils cherchaient les émeraudes.

Les Espagnols adoptèrent et suivirent pendant longtemps ce mode de procéder qu'on n'applique généralement qu'aux alluvions aurifères.

On voit, dans les environs de Muzo, des *derrumbos*, des amas énormes de débris de roches accumulés au bas des escarpements. C'est par l'eau qu'on désagrégeait la roche schisteuse. A cet effet, on amenait, souvent d'une grande distance, un ruisseau aboutissant à un réservoir creusé au sommet de la montagne. L'eau, dirigée en fort courant sur le schiste, le ravinait, et des hommes aidaient à la destruction en grattant, avec leurs épieux, la roche, peu adhérente, sur laquelle on opérait.

C'est dans les déblais accumulés au bas du schiste qu'on trouvait les émeraudes.

Les plus magnifiques, que les Espagnols enlevèrent au Cipa de Tunja, avaient été rencontrées dans les déblais produits par l'action de l'eau, ou par la désagrégation naturelle de la roche schisteuse, très altérable par sa nature, à cause de son peu de cohésion.

Fort souvent on trouve de petites émeraudes dans la terre cultivée des environs, et il n'est pas rare d'en découvrir dans le gésier des poules élevées à Muzo.

Le produit en émeraudes fut considérable pendant la première période de l'administration espagnole. Tout en continuant à exploiter par l'action de l'eau, on ouvrit des travaux souterrains ; c'est alors que l'on constata que les émeraudes se rencontraient surtout dans les veines des amas de spath calcaire, d'ailleurs fort irréguliers. Cependant le schiste noir, très carburé, en contient aussi, et de Sénarmont a fait cette curieuse remarque que, dans la roche

schisteuse, il existe des émeraudes microsco-
piques.

J'ai eu l'occasion de faire connaître ce que le
gouvernement espagnol retirait de l'exploitation
des mines de Muzo.

Plusieurs spécimens d'émeraudes d'un volume remarquable sont conservées dans le Musée
de Madrid. Chaque émeraude était pesée, décrite et enregistrée; Morales, l'administrateur
actuel, en a tenu un compte exact pendant plus
de vingt-cinq ans.

Rien d'ailleurs d'aussi variable que les ren-
dements.

Le gisement des émeraudes est réellement ce
que les mineurs castillans et américains nom-
ment *topes*, mot qu'on pourrait traduire par
rencontre accidentelle, trouvaille. Pendant des
mois le travail est improductif, puis, subitement, on tombe sur un ou plusieurs *nids* de la
pierre précieuse ayant toutes les qualités dési-
rables. Fréquemment aussi on retire des émeraudes *morillones*, en fragments irréguliers,
remplies de gerçures, sans transparence, n'ayant
aucune valeur. J'en ai à ma disposition plus
d'un kilogramme.

La véritable émeraude est en cristaux implantés ordinairement dans une gangue de spath calcaire ; elle est assez tendre pour être fragile. Il convient de la garder assez longtemps avant de la livrer au lapidaire : c'est comme si elle avait de l'eau intercalée, de l'eau « de carrière ».

La révolution qui survint dans la Nouvelle-Grenade empêcha de continuer la subvention accordée pour l'exploitation, devenue d'ailleurs bien peu productive. Le gouvernement républicain afferma les mines à un de nos amis, Joseph Paris, qui commença par s'y ruiner.

Pendant dix à douze ans, les recherches, poussées avec assez peu de vigueur, n'amenèrent aucun résultat, quand, un jour, on donna sur un *tope* d'une richesse exceptionnelle.

De la misère, Paris passa subitement à la fortune et, bien qu'il eût l'imprudence d'émettre tout d'une fois, dans le commerce, des émeraudes de la plus belle eau, il réalisa des sommes importantes. J'ai vu, entre ses mains, un cristal irréprochable, qu'il avait offert au Musée de Saint-Pétersbourg au prix de 20 000 francs. La vente n'en eut pas lieu. Paris suivit alors le conseil que lui avait donné un habile joaillier : il débita la magnifique pierre en plusieurs morceaux, dont il retira 25000 francs.

J'ajouterai que Paris, après avoir gagné des millions, mourut pauvre, ce qui arrive généralement à ceux que les *topes* enrichissent. Tous les mineurs que j'ai connus étaient des joueurs incorrigibles. Il en a toujours été ainsi dans le Nouveau Monde, depuis la conquête. J'ai vu, au Choco, des propriétaires de *lavaderos* mettre, sur une seule carte, un enjeu de quelques kilogrammes de poudre d'or.

En quittant Muzo, nous descendîmes dans la vallée de Minero, que nous traversâmes, pour gravir ensuite l'Alto del Pan (altitude : 1 058 mètres). Nous gagnâmes, de là, l'Alto de Casurà (altitude : 1 223 mètres) avant d'arriver au village de Puripi, où l'on fit halte.

Sur notre chemin, nous vîmes trois serpents qu'on venait de tuer. Ils avaient deux mètres de longueur ; c'étaient des *caladores*.

Les reptiles sont très nombreux dans cette région chaude et humide.

Nous avions toujours marché sur le schiste noir, prolongation du schiste de Villeta. La distance de cette localité aux ruines est de 12 lieues, en ligne droite, dirigée N. N.-E.

Une observation faite par hasard m'indiqua que les deux roches sont identiques. Je montais de la vallée de la Magdalena à Frascatativa, sur l'esplanade de Bogota, quand, près de Villeta, en traversant un ruisseau, j'aperçus, dans l'eau, une pierre d'un beau vert. Mettre pied à terre, ramasser le fragment qui avait attiré mon attention, fut l'affaire d'un instant. Je devins ainsi possesseur d'une belle émeraude, originaire, sans aucun doute, du schiste que le torrent avait raviné.

Ce schiste est caractérisé par des gisements de cuivre et de fer spathique. Il continue bien au delà vers le nord. Partout il supporte le terrain arénacé et le calcaire néocomien.

De Puripi nous nous dirigeâmes sur Chiquinquira, en franchissant, pour la seconde fois, el Alto de la Boca del Monte.

On était sur le plateau de Bogota, à une altitude de 2 600 mètres.

Chiquinquira possède un temple, presque une cathédrale, pour abriter une Vierge, objet de la vénération du pays. C'est une Vierge *pour tout faire*. Les pèlerins arrivent de toutes parts pour l'adorer. Son image est ornée d'émeraudes d'une grande valeur.

C'est certainement la plus riche *nuestra señora* que l'on connaisse. Le sol de l'église était recouvert de petits cierges que font brûler les fidèles. Un clergé nombreux, très gai, très hospitalier, suffit à peine pour dire les messes à un *peso*[1]; c'est un revenu important. Les malades affluent, pour demander à la madone de les guérir. Rien de curieux comme ce foyer de superstition.

Avant de retourner à Bogota, je voulus visiter la province de Sócorro, pour étudier attentivement les terrains stratifiés, particulièrement les couches riches en fossiles.

Je pris en conséquence la route de Puente Real, situé à 6 lieues au nord de Chiquinquira. C'est une localité bien peu importante (altitude 1 680 m.) et j'arrivai à Belez, où je m'installai pour quelques jours (altitude : 2 198 m.).

1. Peso ou piastre de 10 réaux = 5 francs. V. *Annuaire du Bureau des Longitudes*.

Pendant le trajet, j'observai d'abondants gisements d'un calcaire bleuâtre rempli de coquilles. On en voit des rognons dans le grès.
Ces rognons aplatis augmentent de volume. On
a alors de véritables couches calcaires. Belez est
pavé en calcaire, et l'on peut dire, sans exagé-
ration, que le sol sur lequel on marche est une
admirable collection de fossiles.

Belez est une ville fort animée. On y fabrique
des confitures de goyaves; on y fait aussi le
mascato, préparé avec du maïs germé, sucré
avec addition de jus de canne concentré à
l'état sirupeux. C'est une pâte qui, délayée
avec de l'eau, donne une boisson assez alcoolique pour déterminer l'ivresse. On expédie
beaucoup de *mascato* à Bogota.

À 3 heures de marche au nord de Belez on
nous signala un accident géologique fort curieux : *el Hoyo del Aire*, le trou de l'air, ou plutôt
le trou du vent. C'est un puits à peu près circu-
laire, dans des couches calcaires, il est très profond; les parois sont verticales. Au fond la végétation est arborescente : c'est presque un jardin.
En jetant une pierre, on vit s'élever une bande
de perroquets qui s'échappèrent en décrivant

une hélice. On assure que ce puits naturel a
132 vares de profondeur[1].

En me couchant à plat ventre, je pus ramper
jusqu'au bord sans éprouver de vertige. Je
laissai alors tomber un gros fragment de calcaire qui mit cinq secondes cinq dixièmes pour
atteindre le fond. La profondeur, calculée
d'après cette expérience, serait donc de 148 mètres. L'ouverture du puits est sur une pente
peu inclinée, l'expérience sur la chute du calcaire a été faite sur la partie la plus basse du
terrain.

On croit reconnaître, au fond de cette immense cavité, un commencement de galerie, ce
qui a fait supposer qu'il existe une communication avec une vallée inférieure. Le fait est
qu'il doit y avoir une issue par laquelle les eaux
pluviales s'écoulent, le terrain d'en bas n'étant
jamais submergé, même dans la saison pluvieuse.

Le nom d'*Hoyo del Aire* a été donné à ce puits
parce que l'on assure que, de temps à autre, il
en sort un vent impétueux. Nous y avons trouvé l'air absolument calme et, parmi les gens du

1. La vare de Castille a 0^m,835 ce qui donnerait 110 mètres.

pays qui nous accompagnaient, il ne s'est trouvé personne qui ait été témoin de ce phénomène.

Dans les environs on connaît d'autres *hoyos*, mais aucun n'approche des dimensions de celui au bord duquel nous étions.

La disposition régulière, presque horizontale, des strates formant la paroi du puits naturel fait supposer que la cavité est le résultat d'un effondrement instantané. La végétation dont le fond est recouvert ne permet pas de constater s'il y a eu accumulation de déblais.

Le plus extraordinaire dans cette étrange et profonde dépression d'un terrain stratifié, c'est la netteté des parois. Pas une extrémité de couche formant saillie. Au reste les roches, dans les environs de Belez, sont très caverneuses.

Les indigents déposaient leurs morts dans de grands espaces souterrains, où l'on trouve encore aujourd'hui de nombreux vases en terre renfermant des squelettes.

Belez est à quatre lieues au nord de Socorro, capitale de la province de même nom. C'est une ville très peuplée, centre d'une industrie

importante : la fabrication de la toile de coton.
Les femmes passent leur vie à filer à la quenouille et, dans presque toutes les maisons, on
trouve un tissage.

Ces étoffes, grossières, mais très solides, sont
en partie teintes en bleu avec l'indigo cultivé
dans le pays. Ces tissus, écrus ou teints, sont
expédiés à de grandes distances, jusqu'au
Pérou.

Dans le Socorro on cultive aussi les cannes,
pour en extraire du sucre servant à faire de l'eau-
de-vie anisée, boisson très appréciée.

La province de Socorro est traversée par le
Rio Suarez, qui prend, en aval, le nom de
Chicamocha ; avant de se jeter dans la Magdalena il coule parallèlement, à très peu de distance
du Rio Opon que remonta l'expédition de Quesada, pour pénétrer sur le territoire des Muyscas.

Janjis, Iron sont d'intéressantes populations,
très industrieuses.

Partout on reconnaît le grès et le calcaire
coquillier, dont l'alternance est quelquefois
évidente, quelquefois douteuse. Ce qui est, je
crois, certain, c'est que, tout en admettant
l'intercalation du calcaire et du grès, cette der-

nière roche acquiert, en extension, surtout en épaisseur, particulièrement au nord du plateau de Bogota, à Ubate, une ampleur que ne présente pas le calcaire.

En admettant l'état prospère de la belle province de Socorro, on éprouve un sentiment pénible : c'est que c'est peut-être le pays des Andes où il y a le plus de goîtreux : des goîtres de dimensions formidables, et cela, dans toutes les classes de la société.

Il est à remarquer qu'avant la conquête, c'est au nord du plateau que les Muyscas se procuraient, en échangeant le sel des salines de Zipaquira, de Nemocon, etc., les objets de luxe qui leur manquaient, les émeraudes de Muzo, les vêtements de coton du Socorro, l'or de Iiron et de Bucaramanga.

III

Bogota. — Situation. — Climat. — Mœurs. — Aventures.
Excursions dans les environs.

La capitale de la Nueva Granada est située à
la limite orientale de la plaine, au pied de rochers d'où s'échappe le torrent de San Francisco,
un des nombreux affluents du Rio de Funzha,
où se réunissent toutes les eaux de Bogota.

La ville est divisée en 195 quartiers ou *man-
zanas*, tracés avec une précision géométrique
agréable à l'œil.

Les maisons, généralement d'un seul étage,
en style mauresque, sont solidement construites
en briques crues (*adobes*) et couvertes en tuiles.
En 1823 rien n'était aussi rare que des fenêtres
garnies de carreaux.

Les rues, bien alignées, sont arrosées par des ruisseaux où coulent, avec une grande vitesse, des eaux limpides, venant de la Sierra.

La population était évaluée, en 1823, à 30 000 habitants de race espagnole, d'Indiens muyscas, de métis.

La place principale (*plaza mayor*) est très grande, sans aucune plantation ; pas un jardin. Tout présente cette triste aridité qui plaît tant aux Castillans.

Il faut sortir de la ville de Bogota pour rencontrer, sur les routes, de longues allées de daturas gigantesques, de *salix Humboldtea*, de passiflores.

Bogota renferme des édifices plus recommandables par leur solidité que par l'élégance de leur architecture. On y compte 31 temples, 8 couvents d'hommes, 5 couvents de femmes, 2 collèges, des hôpitaux, un hôtel des monnaies, une bibliothèque publique, avec peu de livres et pas du tout de lecteurs, l'observatoire édifié par Mutis en 1083. [*]

Le nombre des églises, les ecclésiastiques, les religieux que l'on rencontre partout, impriment un cachet monastique, que j'avais déjà remarqué à Pamplona et que je retrouvai plus tard à Quito.

La rue Royale (*calle Real*), aboutissant à la *plaza mayor*, est le centre d'un commerce actif pendant quelques heures de la journée : car, le soir, toute transaction cesse, la ville n'étant éclairée que lorsque la lune est au-dessus de l'horizon.

Les boutiques où l'on débite de la *chicha* sont les seules qui restent ouvertes après le coucher du soleil. C'est là que les Indiens vont s'enivrer avec leur boisson favorite. La nuit, le silence règne en dehors des habitations ; c'est à peine si l'on rencontre quelques personnes regagnant leur logis, en suivant un valet qui porte une lanterne.

La ville a 2 650 mètres[1] de hauteur absolue au-dessus du niveau de la mer, et 250 mètres env. au-dessus de la partie la plus basse de la plaine parcourue par le Rio Funzha.

Sur la montagne au pied de laquelle la ville est adossée, on trouve deux chapelles, l'une, au sud de la Quebrada de San Francisco, est dédiée à *nuestra señora de Guadalupe*, l'autre, au

---

1. 2 663 mètres d'après l'*Annuaire du Bureau des longitudes*.

nord, à *nuestra señora de Monserrate*. Ce sont
deux pèlerinages très fréquentés, où le géologue
reconnaît que les couches de grès sont fortement inclinées en sens contraire : celles de
Monserrate, à l'est, et celles de Guadeloupe à
l'ouest.

Et, au-dessus, on exploite, comme pierre à
chaux, un calcaire pétri de coquilles superposé
au grès, en stratification concordante.

De ces pèlerinages, élevés de 660 mètres au-
dessus de la *plaza mayor*, le paysage est grandiose ; mais, ainsi que le remarque Humboldt,
mélancolique et désert. La plaine, sur toute
son étendue, apparaît comme parsemée d'îlots
dus à des couches de grès redressées.

La vue embrasse toute la contrée montagneuse et boisée qui s'étend jusqu'à la Cordillère
de Quindiù dont les sommets, sur plusieurs
points, atteignent les hautes altitudes.

A l'ouest, à une distance de 35 lieues, le pic
neigeux du volcan de Tolima, ayant la forme
d'un cône tronqué, semble se rattacher aux *páramos* de Ruiz et Santa Isabel, aussi couverts de
neiges éternelles. Je n'oublierai jamais la splendeur d'un coucher de soleil auquel j'assistai de

la chapelle de *nuestra señora de Guadalupe*.
L'air était d'une limpidité absolue, le ciel d'un
bleu foncé. Quand l'astre disparut avec lenteur
derrière les immenses champs de glace, ce fut
une éclipse. Le jour, après s'être graduellement
affaibli, nous laissa subitement dans l'obscurité ; car il n'y a pas de crépuscule à l'équateur.
Mais ce qui causa surtout mon étonnement, c'est
une belle teinte rouge rosée qui apparut et se
maintint pendant quelque temps au-dessus de
la zone que le soleil venait de quitter. Cette
teinte, ou plutôt cette vapeur s'étendait d'abord
assez haut ; puis elle cessa bientôt d'être visible,
non pas en diminuant d'intensité, mais en se
déplaçant et s'abaissant comme si, à l'horizon,
l'astre radieux l'eût entraînée. Le glacier con-
serva durant quelques minutes une splendide
coloration.

Depuis j'ai eu maintes fois l'occasion d'observer ce phénomène, notamment aux mines
d'argent de Santa Ana, situées au nord du *páramo* de Ruiz. Il était si constant, si prononcé,
que j'écrivis à de Humboldt que la neige semblait devenir momentanément phosphorescente
après le coucher du soleil.

Au-dessus des pèlerinages de Monserrate et de Guadalupe commence la végétation des régions froides des *páramos*, dont les feuilles, lisses et luisantes, rappellent celles du myrte et du laurier. C'est là que de Humboldt et Bomplan rencontrèrent le beau genre *Aragoa*.

En montant à la station la plus élevée de la montagne, le *páramo* de Chiugaza, à l'altitude de 3905 mètres, j'entrai dans une petite forêt de fraîles, joncs cotonneux (*espeletia*), où je vis une charmante gazelle très peu effrayée par ma présence, un condor, l'oiseau carnassier des cimes des Cordillères, que je pus observer d'autant plus près qu'il lui fallut du temps pour prendre son vol.

Bogota est douée d'un climat tempéré : c'est une conséquence de l'altitude. La température moyenne de 14°,5 varie très peu dans le courant de l'année ; le jour, le thermomètre indique de 12 à 18°. Il est rare qu'il descende, même pendant la nuit, à 8 ou 10°. Pour donner une idée de l'égalité de température, il suffit de dire que la moyenne du mois le plus chaud est de 15°,3, et celle du mois le plus froid 14°.

Lorsque le ciel est pur, l'air peu agité, le climat du plateau est délicieux : c'est le printemps des pays tempérés de l'Europe. Toutefois, dans ces conditions, les nuits sont trop fraîches, non parce que la température baisse beaucoup, mais à cause du rayonnement nocturne auquel on est exposé. Par un temps couvert, pluvieux, surtout lorsqu'il vente fort, ou lorsqu'il y a des brouillards, Bogota est un séjour des plus désagréables, d'autant plus que, dans l'intérieur des habitations, rien n'est disposé pour le chauffage. Il existe même un préjugé contre les cheminées, depuis qu'un archevêque mourut subitement en s'approchant d'un foyer.

Les orages accompagnés de grêle ne sont pas trop fréquents ; cependant j'ai vu plusieurs fois le pavé et la ville couverts de grêlons.

La hauteur du mercure dans le baromètre est de 0^m,561. La pression atmosphérique est aussi peu variable que la température et le mouvement de la colonne mercurielle a lieu dans les vingt-quatre heures, avec une grande régularité, ainsi qu'il arrive dans les localités placées près de l'équateur.

Une année d'observations, faites à l'observatoire, a donné, en janvier :

Hauteur maxima. 0,5623
— minima. 0,5586

Aussi, à Bogota, l'eau bout à la température de moins de 100 degrés.

Malgré les faibles variations dans la température et dans l'atmosphère, de soudains changements dans la direction des vents, des nuages épais troublent subitement l'extrême sérénité de l'air ; des pluies persistantes, de violents orages, accompagnés de grêle, font que le climat des hauts plateaux des Cordillères est des plus inconstants. Ces altitudes de 3 000 à 3 500 mètres sont peu inférieures à la région des nuages apportant l'humidité nécessaire à la végétation sur ces plaines élevées.

A Bogota, les vents d'ouest et sud-ouest amènent l'air tiède de la vallée de la Magdalena et généralement la pluie. Au contraire, les vents d'est et du sud, venant des steppes, occasionnent la sécheresse ; l'air chaud abandonne sa vapeur aqueuse en franchissant un large massif de hautes montagnes.

Cependant, lorsque ce vent souffle avec force, il peut déterminer des pluies abondantes, mais de courte durée. On éprouve alors ces brusques alternatives de beau et de mauvais temps qui caractérisent la saison des *páramos*.

Quand le ciel est couvert, on détermine assez exactement la hauteur des nuages, en prenant pour base verticale les roches de grès sur lesquelles sont bâtis les pèlerinages de Monserrate et de Guadalupe. Tant que ces chapelles restent visibles, l'amas nébuleux est à une élévation absolue supérieure à 3 300 mètres, ou à 1 050 mètres au-dessus de la ville. Cet amas descend graduellement vers la plaine : il forme, vu à distance, une ligne horizontale et constamment j'ai dû traverser une bruine, avant de parvenir à sa limite inférieure, quoique cette fine pluie n'arrivât pas à la base de la montagne. Généralement c'était quand cette ligne limite touchait à une chapelle dédiée à *Nuestra Señora de la Peña* qu'il pleuvait dans la plaine placée à 230 mètres plus bas.

Ces faits, observés dans des conditions favorables, corroborent cette idée que, d'un nuage, il tombe de la pluie qui, si elle n'est pas abondante, se volatilise pendant la chute; c'est ainsi qu'un amas nébuleux disparaît dans l'atmosphère, en entrant dans un nuage.

On peut se convaincre de la lenteur avec laquelle descendent vers la terre les très petites particules résultant de la condensation de la vapeur aqueuse. Il pleut, et l'on s'en aperçoit à peine; il faut qu'elles se réunissent pour que leur chute soit accélérée, la résistance de l'air étant alors plus facilement vaincue par une goutte que par d'infimes particules tenues en suspension, comme des poussières.

C'est aux extrémités de l'esplanade, là où commence la descente rapide conduisant à la vallée de la Magdalena, que l'on est témoin de la formation des nuages et des brouillards. Ces deux météores sont d'ailleurs identiques pour les météorologistes; un nuage est un brouillard où on n'est pas, un brouillard un nuage dans lequel on est.

Sur les bords du plateau, la végétation est très développée. On y rencontre des forêts où abondent le chêne vert, quelques espèces de quinquinas, formant un contraste avec la rareté des plantes arborescentes que l'on constate dans la plaine. C'est un effet de l'humidité permanente occasionnée par la condensation de la vapeur contenue dans l'air venant des régions dont la température est de 26 à 28°, se mêlant à l'air relativement froid de l'Alto del Roble, dans lequel le thermomètre descend fréquemment à 8 ou 10°. Au Sitio de Focativa, à l'altitude de 2640 mètres, où j'ai séjourné à plusieurs reprises, la formation des nuages est des plus curieuses.

On les voit s'élever lentement, quand le vent d'ouest est faible, parvenir sur le plateau, où ils s'étendent sur une épaisseur variable ; on est alors dans un brouillard épais qui parfois est dissipé en quelques minutes. A les voir gravir la pente, on pensait à un troupeau de moutons. Les Indiens m'affirmaient que, par le clair de lune, c'était bien autre chose. Ils paraissent ressembler à des animaux, des taureaux, des chevaux, et surtout à un spectre représentant le diable en personne.

Dans les traditions populaires des pays de montagnes, les nuages jouent un grand rôle, grâce à l'imagination. Je souriais des illusions de ces pauvres gens, sans me douter qu'à quelque temps de là, je comprendrais qu'on peut les partager, au moins momentanément.

Il arriva que, pour une mission urgente, je dus me rendre de Bogota à Villeta, en une seule traite. C'étaient 13 à 14 lieues à faire par une route aussi accidentée qu'en mauvais état. Je partis à 10 heures du soir, sans être accompagné. La nuit était assez sombre. Après avoir dépassé Funza, je m'égarai. Pas d'étoile visible pour m'orienter, une très faible clarté de la lune pour me guider sur un terrain où je n'apercevais pas de sentier battu. En allant ainsi au hasard, je pouvais aussi bien arriver à Zipaquira, au nord, qu'à Fusagasuga, au sud. J'étais perdu. L'excellent *macho* que je montais s'arrêtait tout court quand je lui lâchais la bride, on était par conséquent fort éloigné d'une habitation.

J'aperçus alors, très distinctement, et à ma grande satisfaction un cavalier. Je m'empressai d'aller vers lui, je criai, espérant qu'il s'arrêterait; mais plus je donnais de l'éperon, plus il fuyait.

Je me lançai de toute la vitesse de mon che-

val, il fuyait avec la même vitesse ; alors
commença une course effrénée qui continua
pendant 8 à 10 minutes et quand je fus sur le
point de l'atteindre, homme et bête se divi-
sèrent en trois boules qui roulèrent sur le gazon
et disparurent. J'avais donné la chasse à une
image fantastique.

Ayant fort à propos rencontré un ruisseau de
ma connaissance, le Rio Serrezuela, je n'eus
qu'à en remonter le cours pour me trouver sur
la piste de Facativa, où j'entrai fort avant dans
la nuit.

Je racontai aux Indiens comment j'avais pris
un nuage pour un homme à cheval. — « Ce
n'était pas un nuage ! dirent-ils, c'était un *cavalier blanc*, nous le connaissons bien ; il se pro-
mène toujours au clair de lune dans la savane ;
aussitôt qu'on approche, il devient invisible. »

Après avoir donné du maïs à mon *macho*,
je commençai la descente de la Cordillère,
au trot, sans me soucier des spectres, des taureaux, des cavaliers blancs, que je dus écraser
jusqu'à Villeta, où j'arrivai avant le jour.

Des brouillards secs m'ont été plusieurs fois
signalés sur la plaine de Muysca. J'ai con-

stamment vu des brouillards ou des nuages aqueux d'une faible densité. Je n'en ai réellement observé que dans le voisinage des volcans ; des cendres extrèmement ténues, suspendues dans l'air, qui finissent, lorsque le temps est calme, par se déposer sur les feuilles, sur le gazon. Ce qu'on prend dans la plaine pour un brouillard sec, mouille les plantes à la manière de la rosée ; à distance le nuage est presque diaphane ; c'est à peine s'il affaiblit les rayons solaires qui, bientôt, le font évanouir ; en un mot, c'est un météore aqueux. Néanmoins il est des cas où l'atmosphère est rendue vaporeuse par une matière dont il est impossible d'affirmer la nature parce que, suspendue à une grande élévation, on ne peut constater qu'elle consiste en particules d'eau. Cette substance couvre des espaces considérables et reste en permanence durant des jours et des nuits. La lumière solaire la traverse sans la dissiper. On a vu, à Bogota, une de ces nébulosités singulières par sa persistance. Heureusement elle a été décrite par un physicien très sagace, l'infortuné Caldas.

C'est le 11 décembre 1809[1]. On ne pouvait re-

1. Il y a incertitude sur l'année. C'était en 1809 ou 1810.

garder le soleil sans faire usage d'un verre noir. A
son lever, comme à son coucher, son disque
avait la couleur de l'argent. A son point culminant, la lumière devenait plus vive ; mais on la
supportait aussi à l'œil nu. En approchant de
l'horizon, le soleil avait une couleur tantôt
légèrement rose, tantôt vert clair, quelquefois
gris bleuâtre, comme de l'acier. La chaleur solaire fut remarquablement atténuée. Généralement, le matin, on ressentait un froid anormal,
la terre était couverte de givre, les plantes d'une
organisation délicate gelaient, accident très
rare sur le plateau. Toute la voûte du ciel paraissait voilée par un nuage transparent lui
donnant une teinte blanche, sans qu'on aperçût
ces couronnes *enfáticas* (halos) que l'on voit
souvent, dans ces conditions, autour du soleil et
de la lune. L'éclat des étoiles de première, de
seconde et de troisième grandeur était notablement affaibli. On ne voyait pas, à la vue simple,
les étoiles de quatrième grandeur : c'est dire
que la nébulosité se manifestait le jour et la
nuit. On l'a constatée dans toute l'étendue de la
Nouvelle-Grenade. Sur le plateau, pendant sa
durée, la terre était sèche, le vent du sud souf-

flait par intervalles, entre lesquels on avait des calmes complets.

La quantité de pluie qui tombe à Bogota est assez forte. Voici quelques observations udométriques :

	Jours secs.	Jours pluvieux.
Janvier	22	9
Février	20	9
Mars	12	19
Avril	9	21
Mai	10	21
Juin	22	8

Quantité de pluie tombant annuellement à Bogota.

Année.	Hauteur totale. en centimètres.	Observateurs.
1807	100,3	Caldas.
1837	106	Illingworth.
1838	130	»
1839	91,4	»
1840	114,3	»
1841	121,9	»
1842	141	»

L'état hygrométrique varie aussi considérablement. L'hygromètre de Saussure, réglé et bien exposé, a indiqué en janvier 1824 :

	Hygr.	Temp.	
Maximum. . . .	69°	14°	Ciel couvert.
Minimum. . . .	59°	17°,5	Ciel serein.

L'année 1825, pendant les mois de février et de mars, il y eut une sécheresse extraordinaire. Les récoltes périssaient partout, on faisait des processions, des prières, pour avoir de la pluie.

Dans les villes situées sur les hauts plateaux des Andes, l'état hygrométrique ne correspond pas à ce qu'il devrait être en raison de l'altitude, à ce qu'il est réellement dans les localités arides.

C'est qu'une population importante ne s'établit que là où l'eau est abondante. Il en résulte que l'air peut se saturer de vapeur et, si la sécheresse s'y fait sentir, c'est par suite d'une réunion de circonstances météorologiques anormales : la rareté des pluies, l'absence de brouillards, de nuages, de vents persistants ayant traversé les cimes les plus élevées, et, comme conséquence, la diminution des eaux courantes, la dessiccation des lieux marécageux, de la terre, par suite d'un soleil dont la radiation n'est pas interceptée.

A Bogota, il se déclara de nombreuses ophthalmies dues à la fois à la réverbération du sol et à la siccité de l'atmosphère. On se trouvait alors dans la situation où l'on est en voya-

geant sur les pampas, couvertes d'un sable
blanc des environs de Quito, à des altitudes de
3 000 mètres, sans rencontrer le moindre ruisseau. La peau du visage est bientôt gercée profondément, les lèvres saignent, si l'on ne prend
pas la précaution de se garantir des effets de
l'insolation.

Je crus devoir suivre attentivement la marche
de l'hygromètre, pendant la période de sécheresse que l'on traversait. L'instrument, bien
réglé, était suspendu au dehors à quelques
mètres au-dessus du pavé. Le thermomètre fixé
près du cheveu portait la division de Réaumur:

Marche de l'hygromètre à Bogota en 1825.

Février.

Date.	Heure.	Hygrom.	Therm. R.	Therm. C.	État du ciel.
20	1 h. s.	53°	15,2	19	nuageux.
21	11 h. m.	50°	15	18,75	pur, calme.
	1 h. s.	50°	15	18,75	»
22	10 h. m.	63°	13,5	16,87	»
	midi	43°	15,2	19	»
	4 h. s.	55°	16	20	»
24	11 h. m.	61°	14	17,50	»
	1 h. s.	55°	16	20	»
25	11 h. m.	64°	14	17,5	»
	midi	58°	15,4	19,25	»

26	10 h. m.	60°	14	17,5	nuageux.
	midi	46°	17	21,25	pur.
27	1 h. s.	68°	15	18,75	couvert.
28	10 h. m.	73°	14	17,5	pur.
	3 h. s.	60°	15,2	19	couvert.
	4 h. m.	62°	15,5	19,37	pur.
	5 h. s.	64°	15,5	19,37	pur.
	6 h. m.	69°	14,5	18,12	»

Mars.

Date.	Heure.	Hygrom.	Therm. C.	État du ciel.
1	11 h. m.	58°	14	découvert.
	1 h. s.	54°	15	»
	2 h. s.	59°	15,5	»
	4 h. s.	52°	16	»
2	9 h. m.	63°	13	»
	10 h. m.	58°	14	»
	11 h. m.	50°	15,5	nuageux.
	5 h. s.	77°	15,5	couvert.
	6 h. s.	80°	15	très nuageux.
3	midi	50°	15,5	nuageux.
	1 h. s.	43°	16	»
	2 h. s.	55°	16	»
	4 h. s.	65°	15	»
4	4 h. s.	73°	15	»
	5 h. s.	74°	15	couvert.
5	10 h. m.	67°	14,5	»
	11 h. m.	65°	14,8	»
	midi	56°	17	couvert.
	2 h. s.	63°	16	nuageux.
6	10 h. m.	64°	15	couvert.
	11 h. m.	62°	15	»
	2 h. s.	62°	14,8	»

7	11 h. m.	62°	15	couvert.
	midi	57°	16	nuageux.
	2 h. s.	53₀	16,5	»
	5 h. s.	59°	15	»
8	11 h. m.	57°	15	découvert.
	midi	50°	15,6	»
	2 h. s.	53°	15,5	couvert.
	4 h. s.	69°	16	»
9	9 h. m.	47°	13,8	découvert.
	10 h. m.	35°	14,8	calme.
	11 h. m.	30°	15,2	»
	midi	24°	17,5	quelques nuages.
	midi 1/4.	38°	17,5	nuages v. Ouest.
	1 h. s.	57°	17	nuages.
	2 h. s.	61°	16	nuages v. S.-O.
	4 h. s.	65°	16	couvert.
	5 h. s.	67°	15	très nuageux.
10	1 h. s.	63°	15,5	nuageux.
	2 h. s.	66°	16	»
11	11 h. m.	59°	16	»
	midi	57°	15,5	»
	1 h. s.	48°	16	»
	6 h. s.	61°	15	»
12	5 h. s.	77°	15	pluie.
	6 h. s.	77°	15	pluie cesse.
13	11 h. m.	69°	15,5	nuageux.
	4 h. s.	73°	15	très couvert.
14	4 h. s.	71°	15	nuageux.
15	1 h. s.	45°	15,5	découvert.
	5 h. s.	60°	15	»

Les journées les plus sèches ont précédé l'arrivée de la pluie. C'est le 9 mars que la sécheresse a été extraordinaire et il me paraît hors de doute qu'on éprouverait un malaise en respirant dans une atmosphère contenant aussi peu de vapeur aqueuse.

Les principales cultures, sur le plateau de Bogota, sont, comme à l'époque où les Muyscas l'occupaient, le maïs, le quinoa (chenopodium). la pomme de terre. La conquête y a introduit le froment dont le rendement est des plus productifs, le cheval, l'âne, le gros et le menu bétail.

Il serait difficile de rencontrer de plus riches plantations de luzerne que celles que l'on voit au pied de la Cordillère et dont une irrigation habilement appliquée donne des récoltes abondantes pendant toute l'année.

C'est par suite de cette richesse en herbages qu'il s'est développé une industrie très lucrative, l'engraissement des bœufs que l'on y amène maigres des *llanos* ou de la vallée de la Magdalena. On dit d'une pièce de bétail quand elle a passé de six semaines à deux mois dans les herbages, qu'elle est *sebada*, c'est-à-dire *suiffée*. La viande est grasse, d'une haute qualité. Les bœufs, après la castration, sont mis à l'engrais, comme les vaches. La rapidité du développement du gras est due, non seulement à une forte nourriture verte, mais aussi à l'absence des insectes qui, dans les régions chaudes, assaillent jour et nuit les animaux mis au pâturage. Le marché de Bogota est d'ailleurs pourvu des produits agricoles si variés des *tierras calientes* : de sucre, de cacao et de fruits succulents : oranges, *chirimoyas, advocates, granadillas,* pastèques et goyaves, etc. Des légumes, on ne cultivait que le pois chiche, des haricots, des lentilles. De légumes verts, on n'en voyait pas.

Lorsque j'arrivai sur le plateau, la vie, même dans les classes élevées de la société, était d'une simplicité primitive : la vie des Espagnols au moyen âge ; aucun luxe, si ce n'est pour les costumes de gala.

Les appartements étaient blanchis à la chaux. En fait de meubles, une table, des bancs, des chaises en bois, un canapé bas, où les femmes se tenaient assises sur leurs talons, à la façon mauresque. Chez les plus huppés, il y avait des pièces tapissées en cuir de Cordoue et des fauteuils en chêne qu'on ne déplaçait qu'avec difficulté, tant ils étaient pesants. J'en ai admiré plusieurs qui dataient, sans aucun doute, de l'époque qui suivit immédiatement la conquête.

Si la vaisselle en argent était généralement en usage chez les riches, on ne voyait, dans les classes moyennes, que la poterie grossière. Cependant, chez presque tous, on buvait dans des gobelets en argent, plus économiques, en définitive, que des verres fragiles dans une contrée où ils sont d'un prix élevé. Quant aux couteaux, on les employait peu ; on se servait rarement de fourchettes ; aussi, on procédait à un lavabo général après chaque repas.

Rien d'aussi peu varié que la nourriture. Presque tout le monde déjeunait avec du chocolat à l'eau très clair et brûlant. Chacun le préparait chez soi et mêlait au cacao torréfié, broyé sur une pierre échauffée, une certaine quantité de maïs variant en proportion suivant l'état social de l'individu. Pour les domestiques, lo maïs surabondait. Chez les gens à leur aise, le chocolat était la boisson qu'on buvait en mangeant des œufs sur le plat, des œufs frits dans le saindoux, ou dans la graisse de chandelle, graisse d'ailleurs fort belle, fort appétissante.

J'ai établi la distinction entre les œufs sur le plat et les œufs frits, à cause d'un accident

assez désagréable d'abord, et auquel j'avais fini
par m'accoutumer. Voici : Dans les meilleures
maisons, il n'y avait pas alors de cuisine à proprement parler. En définitive, une cuisine, telle
que nous la comprenons, était bien peu nécessaire.

Dans une pièce, on posait au niveau du sol
trois grosses pierres remplissant l'office de trépied, alors survenait abondamment ce que
Bergmann nommait les immondices de l'atmosphère, les poussières de l'air, d'autant plus
nombreuses que le balai était un instrument à
peine connu ; les cheveux dominaient dans ces
poussières, parce que les dames et leurs esclaves
se peignaient dans la cuisine.

Sur les œufs préparés sur le plat, les cheveux
conservaient leur souplesse et, par leur couleur,
on pouvait deviner la tête d'où ils provenaient.
Dans la mastication, j'éprouvais, pour mon
compte, un sentiment de dégoût : avant de
manger, je les enlevais autant qu'il était possible, comme je l'aurais fait pour les arêtes d'un
poisson. Tout au contraire, sur les œufs frits,
en raison de la plus forte température appliquée
à la graisse, les cheveux rôtissaient, devenaient

cassants ; on les mangeait ou plutôt on les cro-
quait sans s'en apercevoir.

Avec les œufs on faisait frire des rondelles de
pommes de terre ou des tranches de bananes
mûres, sucrées : c'était un mets délicieux, ana-
logue aux beignets. En somme, le déjeuner était
copieux.

On dînait à 1 heure ou 2 heures en 1823.
Je décrirai un dîner sans cérémonie, chez un
avocat distingué.

On servit d'abord la fameuse *olla podrida* des
Espagnols, un pot pourri. Un morceau de bœuf
bouilli, enterré dans des pommes de terre, des
pommes, des abricots verts, débarrassés de
leurs noyaux, des *garbanzos* (pois chiches), du
riz, des choux, du lard.

Nous étions seuls à table. La dame de la maison, sa fille, deux personnes charmantes, dî-
naient dans une pièce à part, à la cuisine peut-
être ; c'était l'usage.

L'*olla podrida* me parut délicieuse. Pas de
serviettes. On s'essuyait à une nappe étroite,
brodée. Cuillers, fourchettes et plats en argent :
assiettes en faïence ; c'était un luxe inusité.
Jusque-là rien à boire. Heureusement qu'on

apporta du bouillon chaud. La première impression passée, je m'accommodai fort bien de cette
boisson. Pour condiments, du sel, des poivres
longs qui cautérisaient la bouche.

A l'*olla* succéda un plat de choux orné de
saucisses, et toujours du bouillon. Le pain était
très bon, bien plus agréable que le pain français,
ayant, selon moi, une réputation usurpée.

Apparut ensuite une belle collection de confitures de goyaves, de cédrats. Puis vint le
moment de s'abreuver. A un signal de l'amphi-
tryon arrivèrent de grands gobelets d'argent
remplis d'eau fraîche. Il était temps. Je n'avais
jamais bu autant d'eau d'un seul coup.

L'Indienne qui nous servait dit une prière,
las gracias, on fit le signe de la croix et l'on
commença à fumer.

J'accompagnai mon hôte à une de ses fermes
(haciendas), et, le soir, j'assistai à la *tertullia,*
réunion d'amis. Les dames étaient accroupies
sur un divan adossé au mur du salon, éclairé
par une seule chandelle. La lumière douteuse
plaît aux conversations intimes. Les dames,
généralement belles, toujours aimables, distri-
buèrent aux cavaliers des cigares qu'elles avaient

allumés, et bientôt nous fûmes dans un nuage épais. On installa quelques parties de *monte*, jeu de cartes favori du pays, et l'on joua d'assez grosses sommes; on prit du chocolat, on mangea des confitures. La soirée fut agréable. La tertullia a du bon; on y vient sans être invité et sans faire la moindre toilette.

Dans les classes inférieures, — car il n'y avait pas alors et il n'y a pas encore de classe moyenne dans la société, — les aliments ne différaient pas de ceux que je viens de décrire. Les artisans, fort peu nombreux, les *campesinos*, se nourrissaient particulièrement d'*ayaco*; c'est un mélange de viande de bœuf ou de mouton coupée menu, cuite dans l'eau avec des pommes de terre que l'on assaisonnait avec de l'ail et des oignons. La coction a lieu rapidement, à cause de la petitesse des morceaux. En moins d'un quart d'heure l'*ayaco* est à point; c'est en réalité un bon potage. Les saucisses, le lard, le gras-double entrent aussi dans la nourriture des gens de travail.

On prend ses repas près du foyer; pas de table, tout au plus des bancs ou des escabeaux. Le chocolat est pris matin et soir, on avale ensuite un verre d'eau. Dans les repas de la journée, de même en dehors de ces repas, on consomme de la *chicha* (bière de maïs), boisson très fortifiante et bien plus alcoolique que la bière d'Europe.

J'ai vu des *orejones* et même de riches cultivateurs passant une partie de leur vie à cheval pour surveiller les troupeaux, se trouvant près d'un ruisseau limpide, faire au grand galop une lieue pour aller boire de la *chicha*. Ils ont horreur de l'eau, et le vin, si ce n'est le vin d'Espagne, ne plaît pas à ceux qui sont habitués à l'usage de la *chicha*. J'en citerai ici une preuve évidente.

C'était après que la victoire de Boyaca eut mis les patriotes en possession des hautes régions de la Nouvelle-Grenade; partout Bolivar était reçu en triomphateur. Tous ceux qui l'auraient traqué comme une bête fauve s'il eût été vaincu accouraient à lui pour faire leur soumission. La maison dans laquelle le général avait établi son quartier était assaillie de visiteurs, lorsqu'un nouveau venu, personnage important, l'un des plus riches propriétaires du plateau, se présenta. Bolivar appela un jeune Français, l'un de ses officiers d'état-major, pour lui dire de prier

l'*haciendado* d'attendre quelques instants, parce
qu'il désirait le recevoir en particulier. Il enjoi-
gnit à son aide de camp de recevoir le personnage avec les plus grands égards et de le faire
rafraîchir avec du bordeaux.

— Est-ce du meilleur, mon général?

— Oui, tout ce qu'il y a de meilleur.

Le commandant ne se le laissa pas dire deux
fois et chargea immédiatement le cuisinier ma-
jordome d'apporter le vin, qu'il offrit alors à
l'*haciendado*. On trinqua et l'on but. Le jeune
officier avala d'un trait l'excellente liqueur,
mais son convive eut à peine porté son verre à
ses lèvres qu'il se leva brusquement, pourpre
de colère, et jetant le vin, dit :

— C'est une mauvaise plaisanterie qu'on ne
doit pas se permettre avec un homme de mon
âge et de ma qualité; c'est de l'encre que vous
m'avez offerte, vous voulez m'empoisonner!

— De l'encre, repartit l'officier, allons donc!
Dans tous les cas, ce n'est pas du poison, tenez...
et il avala coup sur coup trois verres de bordeaux.

— C'est, ajouta-t-il, le meilleur vin que possède le général.

Le campagnard s'apaisa, sourit et déclara le vin détestable.

La saveur styptique donne en effet à des bordeaux des meilleurs crus un goût rappelant celui de l'encre. Quant à l'officier, assez malin, il appela un camarade pour l'aider à finir la bouteille, il ne voulait pas s'empoisonner seul.

On mange peu de pain de froment dans les campagnes. On le remplace par des galettes de maïs et par des racines de yucca, par des pommes de terre. Le fromage entre aussi, et pour une assez forte proportion, dans le régime des travailleurs.

Les artisans, la plupart des gens de la campagne sont des métis, mélange de sang indien et de sang blanc; les hommes sont fortement constitués et les femmes d'une fraîcheur, d'une beauté qui attire l'attention du voyageur.

Quant aux Indiens, c'est une catégorie à part; ils sont fixés généralement hors de la ville, dans des huttes circulaires, à toit conique, laissant échapper la fumée, de même qu'à l'époque de la conquête. La seule différence qu'on observe entre le Muysca actuel et le Muysca d'autrefois, c'est qu'il a perdu son idiome national.

L'Indien vit à peu près comme ses ancêtres
ont vécu ; il se nourrit de pommes de terre
cuites à l'eau ou grillées sous la cendre,
de racines d'aracacha, de légumes secs, de
galettes de maïs ; il consomme peu de viande,
si ce n'est de la chair de *curi* (cochon d'Inde) et
de la charcuterie ; c'est un grand buveur de
chicha. Avec sa famille, toujours peu nombreuse, il cultive un champ *(chacra)*, élève des
poules. Il est de petite taille, admirablement
musclé ; il se fait domestique, berger, et il exerce,
en un mot, un métier exigeant peu de force. Il
est assidu, patient au travail ; sur les chemins,
on le rencontre filant du coton à la quenouille
tout en marchant et surveillant son troupeau,
ce qu'il faisait sous la domination des Zaques.
Au reste, l'Indien de Bogota est filou, menteur,
sale, envahi par la vermine, ivrogne comme
étaient ses pères.

Arrivé à Bogota avant l'invasion européenne
qui a suivi la déclaration d'indépendance, j'ai
pu observer l'état social tel qu'il était à l'époque
où les colonies espagnoles ne faisaient de commerce qu'avec la métropole, C'est à peine si,
dans le cours d'une vingtaine d'années, on vit

deux ou trois étrangers sur le plateau muysca. On ne connaissait que des négociants et leurs marchandises originaires de Castille.

Pour l'éducation, les mœurs, les coutumes, c'était l'Espagne au moyen âge : une religion automatique, l'obéissance absolue à un clergé absolu et tolérant, la passion du jeu poussée à l'excès ainsi qu'il arrive dans toute société oisive, ignorante, n'ayant aucune aspiration vers les choses élevées; hommes et femmes jouaient d'une manière effrénée. Je me suis rencontré dans une *tertullia* où l'on commença par un enjeu d'une *peseta*. On s'anima, et, dans la nuit, le général Urdaneto perdit 20000 *pesos*. Aux fêtes nationales, on pontait sur la place publique, les dames du meilleur monde risquaient des sommes considérables; tolle était leur animation qu'elles restaient sans désemparer devant les cartes; rien ne les aurait fait se déplacer. Aussi, le lendemain, l'emplacement qu'elles avaient occupé était vraiment l'étable d'Augias.

Les combats de coqs étaient fort suivis. On faisait battre à mort ces animaux dans une arène entourée de gradins qu'encombraient les spectateurs. J'y accompagnais volontiers mon ami, le général Paris, dont les coqs jouissaient d'une célébrité méritée ; les paris montaient souvent à des sommes excessives. J'ai vu le maître du triomphateur encaisser 1 000 à 2 000 piastres (*pesos*).

En 1823, les hommes portaient le manteau, cachant le plus souvent une mise négligée. Le costume des ecclésiastiques, des moines, il ne saurait en être question ; comme l'Église catholique, il est immuable.

Quant aux dames, leur mise, bien qu'un peu masculine en ce qui touchait à la coiffure, n'était pas sans grâce. Un chapeau d'homme en paille ou en castor, entouré d'un ruban et orné de fleurs ou de plumes, posé sur la tête recouverte d'un châle richement brodé, assez ample pour couvrir la taille en la dissimulant, comme l'aurait fait une manta. Une robe de mousseline, en fourreau, garnie d'une guirlande ou d'un feston, et n'arrivant pas au mollet ; des bas en soie, des souliers de satin blanc. Les bras sont sous le châle de façon à pouvoir, par un mouvement des plus coquets, des plus provocants, cacher la figure à un poursuivant, en laissant juste une ouverture pour le regarder et l'attirer. C'était là le costume de visite, de gala. Toutefois, il y a aussi un vêtement que l'on mettait lorsqu'on sortait pour affaires, peut-être aussi, j'en suis certain, par expérience, pour les rendez-vous, pour aller à l'église. Il a vraiment la régularité d'un uniforme. A dix pas, un mari ne reconnaissait pas sa femme, toutes étant vêtues strictement de la même manière. J'ai trouvé cela bien intelligent! C'est un chapeau d'Auvergnat en feutre noir, à larges bords, horizontal, puis une mante en drap bleu, descendant un peu au-dessous du coude et permettant, par son ampleur, de *jouer de l'œil*, c'est-à-dire de se masquer. Sous la manta, une chemise à corsage, très décolletée, brodée avec art, puis une jupe en soie, fixée sur les hanches par une ceinture de laine; la jupe est plissée, et, pour la tenir tendue, le bas porte un ourlet rempli de grains de plomb.

Chez les femmes du peuple, c'est le costume usuel, seulement la jupe est en drap bleu commun. A la maison, dans la boutique, on reste en jupon et en chemise ; mais pour sortir, on revêt sa mantille pour voisiner et l'on prend le chapeau si l'on doit aller plus loin.

Les Indiens purs sont vêtus de coton, tels que les vit le conquistador Ximenès de Quesada. Un *puncho*, couverture ayant un trou par où on passe la tête, une sorte de chasuble, des caleçons courts, quelquefois une chemisette, toujours un chapeau de paille de maïs, les pieds nus, comme les ont d'ailleurs les métis quand ils ne sont pas chaussés avec des *aspargatas* (espadrilles).

Quand une Européenne, Mme Roulin, arriva à Bogota, elle avait le costume que l'on portait en France en 1822 : chapeau de soie à fleurs artificielles, douillette de soie, corset, châle Ternaux, gants, bottines, ou bien blouse de toile écrue, chapeau à la Paméla. Elle était à ravir, c'est vrai, elle trottinait, en n'oubliant jamais de retrousser sa robe pour montrer un mollet breton irréprochable. Ce fut une révolution parmi les *señoritas*, et les questions qu'on m'adressait sur la toilette de ma jolie compatriote étaient plaisantes et des plus indiscrètes. Ce qui les intriguait par-dessus tout, c'était la taille de guêpe de la dame française.

« Don Juan, n'est-ce pas qu'il faut une machine (*una mecánica*) pour se diminuer autant que cela? Dites-lui donc, puisque vous la connaissez, de s'habiller devant vous, vous ferez un plan de la machine pour nous la communiquer. »

Le corset fut bien vite imité et porté.

Les Européennes affluèrent à Bogota; le commerce anglais s'empara, avec l'activité fiévreuse qui le caractérise, des marchés que la liberté avait ouverts.

Du Chili à la Californie, sur la côte du Mexique, les produits britanniques encombrèrent les ports. Les Français suivirent de loin ce mouvement avec leur timidité habituelle. Le gouvernement de Louis XVIII restait d'ailleurs très hostile à l'émancipation des colonies espagnoles. En quelques années, on vécut, on s'habilla comme à Londres et à Paris. Les services de table ne laissèrent rien à désirer. On vit des carreaux aux fenêtres des maisons; on installait dans les appartements des meubles fabriqués au faubourg Saint-Antoine.

Il manqua cependant quelque chose au confortable : des indispensables, des lieux secrets pour lesquels les colons ont toujours témoigné une vive répugnance. Les hommes continuèrent à être des *pleins-vents*, suivant la pittoresque expression de Royer-Collard, et les femmes préféraient les vases portatifs encore en usage, non seulement en Italie et en Espagne, mais aussi dans le midi de la France. Quelle gène pour un Européen ! Combien de fois ai-je dû monter à cheval pour faire une promenade obligée à une lieue de distance.

Un jour, c'était dans une cité importante du Cauca, j'habitais une sorte de palais ; le temps était affreux, mon brosseur tenait mon cheval sellé, quand la maîtresse de la maison, respectable matrone, devinant le but de mon excursion, fit placer devant moi une garde-robe en argent bossué, un chef-d'œuvre d'orfèvrerie du XVIe siècle, puis, s'asseyant dans un fauteuil, entourée de trois ou quatre négresses, elle me supplia de ne pas m'exposer à la pluie.

Ceci me conduit à raconter une histoire fort amusante, rentrant dans ce sujet.

J'avais reçu la mission de faire passer de la vallée de la Magdalena un matériel considérable de machines, outils, poudre, etc., destinés à l'exploitation des mines de la Vega de Supia.

On devait franchir un espace de vingt-cinq lieues, dans la Cordillère centrale, par des sentiers impraticables aux mulets, escalader des altitudes de 3 500 mètres. Pour surveiller cette opération hardie, je m'installai, avec plusieurs officiers des mines et un détachement d'ouvriers, à Sonson, grand village à peu de distance de l'arête de partage des eaux, à la hauteur de 2 400 mètres. Je louai quelques habitations et une maison qu'on destina à servir de latrines. Avec un personnel aussi nombreux, c'était une mesure d'ordre indispensable.

Sonson offrait quelques ressources : d'aimables familles occupées de commerce et de culture. Dans leurs loisirs, mes gais compagnons organisaient des bals, des jeux, etc. Les danseuses et les joueurs ne manquaient pas. Le climat est tempéré, le sol fertile : on y vivait agréablement, En me rendant à la maison secrète j'avais plusieurs fois fait la remarque que les fragments du *Morning Herald*, du *Times*, de la *Gaceta nacional* disparaissaient subitement. Le vent ne pouvait les enlever, le local était clos par une porte battante. Je ne pouvais expliquer cette disparition de ces fragments maculés. Ma curio-

sité fut excitée à ce point que je chargeai
Treebilcok, jeune mineur cornishman, de s'em-
busquer pour découvrir le chemin que prenaient
les papiers. Le mineur était fort intelligent.
Grâce à la fraîcheur de son teint. il avait épousé
une demoiselle à peau bistrée ayant pour dot
une ferme et un œil de moins.

A quelques jours de là. je vis entrer mon
Treebilcok riant aux éclats et tellement qu'il
lui fut d'abord impossible d'articuler un mot.
Quand il eut recouvré la parole, il m'apprit
qu'il avait vu une petite négresse ramasser les
documents, les dissimuler sous sa mantille et
s'enfuir. Quel était le motif de cette action?
Le mineur reçut l'ordre de recommencer,
d'arrêter la négresse, de la mettre en ma présence.

Ainsi fut fait; et j'appris alors que la pauvre
esclave accomplissait une commission que lui
donnaient ses maîtresses.

— A quoi emploient-elles ces dégoûtants
papiers ?

— Eh mais, dit l'enfant, c'est pour faire des
papillotes...

Le papier était très rare à Sonson.

Les femmes du monde, à Bogota, généralement belles, sont frêles et délicates, anémiques, conséquence d'un régime d'aliments peu substantiels, de sucreries, de fruits; peu de viande. Leur chétive constitution forme un contraste avec la robustesse des femmes du peuple, au teint coloré, aux yeux et cheveux noirs, aux muscles si fortement accentués.

Les hommes de race blanche à vie sédentaire ne sauraient être comparés aux métis d'une activité prodigieuse, passant leur existence en plein air, courant le cerf aux grands bois des *páramos*, exécutant des steeple-chases dans un terrain des plus accidentés.

Plus d'une fois j'ai pu admirer tout ce que chasseurs, chevaux, chiens, déployaient d'intrépidité, de courage, dans ces courses insensées. Les Indiens, quand ils sont stimulés par l'intérêt, sortent de leur apathie et, sans avoir jamais l'activité fiévreuse du métis, se livrent cependant à de durs travaux. Ce sont, ou des charbonniers, carbonisant sur le haut des montagnes et descendant à la ville, sur leurs épaules, des sacs de charbon pesant de 50 à 60 kilogrammes, ou des *aguaderos* promenant pendant des heures entières des *ollas* en terre cuite contenant environ 60 litres d'eau qu'ils vont puiser au Pico de San Francisco. Comme piétons, comme *chasquis* (courriers), ils sont inimitables : leur allure est celle d'un bon pas gymnastique qu'ils peuvent soutenir durant cinq à six heures.

Les femmes du demi-monde ont, dans les villes des Cordillères, une situation particulière. Elles sont d'une grande beauté : c'est une nécessité de leur profession. Quant à leur race, si elles n'appartiennent pas absolument à la race blanche, elle doit n'avoir que fort peu de sang indien. Ce sont les courtisanes de l'antiquité. Leur clientèle les enrichit; elles effacent, par leur toilette, par le luxe de leur intérieur, les dames du grand monde, dont elles sont de redoutables rivales. Quoique vénales au plus haut degré, elles ont néanmoins des accès de désintéressement. Ainsi la *Pepita de Oro* (Pépite d'Or), car ces dames ont toujours un surnom, — on ne pouvait la regarder sans étonnement, à cause de sa beauté, — s'était éprise d'un colonel hanovrien, un géant, un colosse, nommé Friedmann. Or, en Colombie, en 1823.

le militaire n'avait rien. Ces attachements sincères ne persistaient pas; j'en eus la preuve.

Après la *Pepita de Oro*, venait *Quebranta cuja* (Brise-lit), moins remarquable par sa physionomie que par sa plastique. On avait devant soi la Vénus de Milo ayant conservé ses bras. Je passais alors pour l'officier le plus mince de l'état-major. Ce fut une attraction pour la Vénus et il en résulta pour moi bien des désagréments. Vénus me suivait comme un caniche; elle surveillait toutes mes démarches, sans y mettre la moindre discrétion; elle m'affichait. Quand je sortais d'une maison, je la trouvais assise à la porte, m'attendant, pour me suivre encore; décidément j'étais compromis. Que faire? Rien! Fort heureusement il arriva à Bogota un jeune officier possesseur d'une taille plus fine que la mienne. Vénus s'en empara à ma plus grande satisfaction. C'est ainsi que je recouvrai ma liberté.

Le demi-monde d'en bas différait notablement du demi-monde d'en haut; tout aussi beau, bien que plus métis. Même toilette tapageuse. Un préjugé de caste ne leur permettait pas de se chausser; elles allaient pieds nus, aussi les nommait-on des *descalzas* (déchaussées). Elles se vengeaient en exhibant les pieds les plus mignons, les plus coquets, dont les doigts étaient ornés de bagues de prix. On assure qu'en présence de ce luxe, l'autorité fit une concession aux piquantes descalzas en leur permettant l'usage, non des bas de soie, mais des bas de coton, ce qu'elles refusèrent avec indignation.

J'ai dit que le clergé était licencieux, immoral. Les prêtres, les moines entretenaient ouvertement des concubines, ou vivaient maritalement avec elles. Souvent je rencontrais un hospitalier de San Juan de Dios, suivi d'un enfant vêtu de l'habit de l'ordre : c'était le père et le fils. Un jour, un prédicateur d'un grand renom, le chanoine Guerra, arriva comme un fou chez le docteur Roulin, le suppliant de venir délivrer sa femme en mal d'enfant. Le docteur partit aussitôt, avec son forceps, et revint bientôt nous annoncer que Mme la chanoinesse et son fils se portaient bien.

J'avais beaucoup connu, à Paris, un prêtre américain, alors qu'il était exilé. Pour reconnaître son patriotisme, on lui avait octroyé une cure des mieux rétribuées dans les environs de la capitale. Passant près de là, je me détournai pour faire visite à mon ami. La veille, il y avait eu un épouvantable orage; la foudre était tombée sur le presbytère. Mon homme me montra, à la tête de son lit, les dégâts causés par l'électricité : un chandelier d'argent, les armatures d'un parapluie entièrement fondus, le matelas carbonisé.

— Eh! lui dis-je, comment n'avez-vous pas été foudroyé?

— Par une raison bien simple, ou plutôt par un miracle, me répondit l'excellent curé; Dieu m'avait inspiré et, cette nuit, j'ai couché avec *mi amiga* dans la pièce voisine.

La morale des gens d'église n'était pas toujours très délicate. J'ai connu plus d'un curé qui prêtait à la petite semaine, à gros intérêts. D'autres faisaient le commerce en vendant des vêtements, des vivres à leurs paroissiens. Le hasard fit que j'en trouvai un auquel l'amour du lucre inspira une idée bizarre, à laquelle il osa me proposer de m'associer. Je me trouvais depuis peu à Bogota quand le gouvernement me chargea de visiter la *capuchineria*, dont les ca-

pucins avaient été chassés, sauf un, resté comme
gardien. Le couvent est à une courte distance
de la ville; j'avais à examiner attentivement sa
construction, pour savoir s'il était possible d'y
installer l'école des ingénieurs. Une femme
aimable me pria de lui permettre de m'accompagner, ayant depuis longtemps le désir de voir
l'intérieur d'un couvent d'hommes. Comment
refuser de satisfaire une si légitime curiosité!
Pour sauver les apparences, j'engageai un
excellent curé de ma connaissance à être de la
partie.

A l'extérieur, la capuchineria est un charmant
monastère. Je frappai, et un capucin bien enca-
puchonné vint ouvrir une porte lourde comme
celle d'une forteresse. A peine le frère gardien
eut-il aperçu la jeune dame, qu'il commença à
faire des signes de croix. Je lui exhibai ma
commission, et il nous laissa entrer. Pendant
tout le temps, il faisait des yeux incroyables et
avait une mine peu rassurante pour les visiteurs,
à ce point que je m'applaudis de n'être pas
venu avec des vêtements de civil : je ne le per-
dais pas de vue. Je lui commandai de montrer
tout ce qu'il y avait à voir, il m'obéit, allant en

avant, sans prononcer un mot. Ce qui fixa surtout mon attention, ce fut une collection de
reliques artistement rangées, étiquetées, conservées dans des armoires vitrées, dont je
demandai les clefs. Mon curé cicerone connaissait très bien les précieuses reliques, il m'ex-
pliquait leur origine, leur puissance. On voyait
des dents, des mâchoires, des tibias, des
omoplates d'une foule de saints. Mon curé me
présentait les ossements, m'engageait à les con-
sidérer de très près. Je me croyais dans un musée
paléontologique, en présence d'ossements fossiles; enfin j'en eus bientôt assez. Quand nous
nous retirâmes, le capucin, tout en se signant,
ferma la porte sur nous avec une telle violence
qu'il avait évidemment l'intention de briser les
pieds à l'un de nous.

Le jour qui suivit mon expédition à la *capuchineria*, j'eus la visite du curé cicerone.

— Hé bien ! que pensez-vous des reliques ?

— Rien du tout. Vous savez bien, curé, que
je ne crois pas à toutes ces saletés-là.

— Saletés, saletés, tant que vous voudrez,
mais ces saletés valent beaucoup d'argent.
N'avez-vous pas remarqué que ces saints osse-

ments ont un aspect bien différent de celui des ossements non sanctifiés?

J'en convins, ces reliques présentaient certains caractères particuliers; généralement la surface paraissait corrodée, etc.

— Et puis, où voulez-vous en venir? dis-je au curé.

— Avant de m'expliquer, dit-il, je désirerais savoir si, par des procédés chimiques, vous pourriez communiquer ces caractères aux os vulgaires.

— Sans doute, répliquai-je, on parviendrait à leur enlever le poli, en les corrodant légèrement par une vapeur acide; on pourrait même, je présume, développer sur leur surface cette légère teinte verte, cette trace de cryptogames que j'ai remarquée sur quelques-uns... et puis?

— Mais alors, nous pourrions gagner de l'argent; je vous apporterais les ossements, et vous les sanctifieriez au moyen de la chimie. Quant au placement, ne vous en inquiétez pas, on en vendrait plus que vous n'en pourriez sanctifier.

— Mais alors, monsieur le curé, votre intention serait de fabriquer de fausses reliques. C'est indigne ! Comment pouvez-vous imaginer une action aussi blâmable ! Ce serait simplement un vol que vous commettriez.

— Ainsi, pas d'affaires ?

— Non, et sortez.

La police de Bogota, ainsi que cela a lieu dans les villes espagnoles, ne protégeait personne. On volait impunément. Il y eut tant d'attaques nocturnes, d'assassinats, que le congrès, en 1823, décréta la peine de mort contre les voleurs. La loi fut mise immédiatement en vigueur et les tribunaux l'appliquèrent sans pitié, même pour des larcins qui, dans d'autres temps, eussent attiré sur les coupables une peine correctionnelle.

Sans le concours de l'administration militaire, on eût été bien embarrassé pour exécuter les condamnations. Il fut impossible de trouver un bourreau pour donner la garrotte (étrangler). Je me trompe : il se présenta un homme prêt à remplir cet office, un soldat ayant appartenu à la légion irlandaise, un ivrogne qui allait entrer en fonction, quand le colonel Campbell, chargé d'affaires de Sa Majesté Britannique, s'y opposa formellement.

Mon ami, le général Paris, commandant militaire de Bogota, mit à la disposition de la justice civile les piquets d'exécutions qu'elle requérait. Sur la *plaza mayor*, près d'un mur, on dressa une chaire, un banc ayant pour dossier une planche à laquelle on attachait le condamné. Une fois qu'il était assis, quatre fusiliers commandés par un sergent lui donnaient la mort. Immédiatement après, le moine auquel le criminel s'était confessé, montait en chaire et faisait un discours au populaire des deux sexes, toujours pressé d'assister à un tel spectacle qui se termine sur l'échafaud. Et parmi ce peuple, il n'est pas rare de voir des individus accourir pour voir mourir un ami, un parent.

Je demeurais chez la *señora* Tadea, une des plus riches familles de la cité, avant les pertes que lui avait fait éprouver la guerre de l'indépendance. Un jeune esclave noir que l'on avait attaché à mon service me demanda en riant, un matin, la permission d'aller voir fusiller un voleur.

— C'est affreux, dis-je à ce garçon.

— Mais celui qu'on va fusiller, c'est mon frère aîné, je veux le voir mourir et prier pour lui.

A quelques heures de là le négrillon revint satisfait.

On trouvait les assassins, les voleurs, dans de hautes positions sociales. Un nègre, que son courage dans la guerre de Pasto avait élevé au grade de colonel de cavalerie, le colonel Infante, un esclave affranchi du général Bolivar, tua à coups de sabre un cordonnier, son créancier. Déjà on soupçonnait qu'il avait assassiné plusieurs personnes. Il fut jugé et condamné à mort par un conseil de guerre présidé par mon colonel, José Maria Lanz. Je fus désigné comme *fiscal* (rapporteur). L'exécution eut lieu sur la *plaza mayor*, un jour de marché. Infante, en grand uniforme, un crucifix à la main, marcha bravement vers le banc fatal. Il ne voulut pas qu'on lui bandât les yeux; il fut fusillé par un piquet d'artilleurs. Aussitôt après, un moine monta en chaire et commença à prêcher, tandis que le *fiscal* posait la main sur le cœur du supplicié pour constater la mort. Les troupes défilèrent autour du cadavre.

La marquise de Tadea, fort âgée, possédait, parmi les restes de son ancienne opulence, un collier de perles d'une grosseur et d'une

régularité qui faisaient l'admiration des connais-
seurs, du plus expert de tous en joaillerie, le
colonel français Esménard, appelé pour affaires
dans la Nouvelle-Grenade. Une nuit, un homme,
barbouillé de noir, pénétra dans la chambre de
la marquise et, au pied du lit, le matin, on
trouva la pauvre vieille plus morte que vive,
tant elle avait souffert du froid. Elle déclara
que l'homme noir avait les mains blanches, que,
par conséquent, ce n'était pas un nègre; qu'il
l'avait torturée, presque étranglée pour lui faire
déclarer où était le collier de perles; qu'elle
avait résisté et que, le jour commençant à
poindre, le voleur s'en était allé, après avoir pris
des bijoux en or. La marquise ne déclara pas
tout à la justice: c'est que le voleur était son
petit-fils, capitaine dans l'armée. Le lendemain
cet officier avait pris la fuite, on ne le revit plus.
C'était un homme mal famé, un joueur incorri-
gible, ne payant jamais ses dettes, excepté
celles de jeu. Je le voyais souvent, et je m'en
méfiais. Une fois j'allais partir pour porter aux
mines de Mariquita une centaine de mille francs
(20 000 piastres) en onces d'or. Le petit-fils me
demanda avec qui je ferais le voyage.

— Avec un lancier.

Puis, laquelle des trois routes je prendrais pour descendre dans la vallée de la Magdalena. Je m'empressai de lui indiquer un chemin que je ne devais pas suivre.

Les monuments de Bogota méritent à peine d'être mentionnés, si l'on en excepte la cathédrale dont l'architecture est exactement celle de l'église des Jésuites de la rue Saint-Antoine. Mais un édifice qu'on ne s'attendait pas à trouver à l'altitude absolue de 2650 mètres, près de l'équateur, c'est un observatoire astronomique. C'est à l'initiative, au zèle d'un savant espagnol illustre, devenu Américain, le docteur Mutis, que l'on doit l'observatoire de Bogota.

Mutis naquit à Cadix, en 1732. Son goût pour les sciences se manifesta dès sa plus tendre jeunesse. Il prit ses grades de docteur en médecine à Séville. Il accompagna, en qualité de médecin, don Pedro Mesia de la Cerda, nommé vice-roi de la Nouvelle-Grenade. En 1760, Mutis débarqua à Carthagène, accompagna le vice-roi à Bogota, après avoir recueilli, en remontant la

Magdalena, une riche collection de plantes et fait une découverte importante : la variation périodique nocturne de la hauteur du mercure dans le baromètre. Lors du retour de Cerda en Europe, Mutis se fixa à Bogota, où il fut bientôt nommé directeur de l'expédition de botanique ; c'est dans cette ville qu'il commença la *Flore de la Nueva Granada*, qu'il continua à Mariquita, où il passa plusieurs années, afin d'étudier plus facilement les végétaux vivant à diverses hauteurs et par conséquent à des températures les plus variées, depuis les régions chaudes, jusqu'aux froides limites des neiges éternelles, de Ruiz et de Tolima.

Je me suis trouvé en 1824 au milieu des restes de la maison qu'avait habitée Mutis. Du sol du salon s'était élevé un magnifique quinquina jaune provenant sans doute d'une graine tombée d'un herbier. L'arbre avait percé la toiture, et son feuillage, d'une grande richesse de couleur, abritait les ruines de l'édifice. Tout près on découvrait un bosquet de cannelliers plantés par l'illustre botaniste, et, en considérant avec une sorte de tristesse cette solitude absolue dans un lieu où on avait dépensé tant d'activité, on

pouvait dire avec Addison : « Un homme utile
a passé par là. »

C'est à Mariquita que Mutis instruisit des des-
sinateurs habiles : les fleurs, les fruits, les
feuilles furent reproduits avec une exactitude,
une vérité qui excitèrent l'étonnement de ceux
qui ont vu ces beaux vélins dessinés par de
pauvres métis transformés en artistes qui
n'eussent été déplacés nulle part.

Pour terminer son œuvre, Mutis résolut de
retourner dans la capitale où le gouvernement
l'installa dans une belle maison, la *Casa* de la
botanique, où il y eut bientôt 5 000 dessins sur
vélin, un herbier de 100 000 plantes, une collection de graines et des échantillons de bois, enfin
une imprimerie.

Dès 1772 Mutis était entré dans les ordres. Il
remplit ses fonctions sacerdotales avec un zèle
qu'aucune difficulté n'arrêtait : il fut constamment le médecin et le consolateur des pauvres.
Sa réputation s'étendit au delà de l'Amérique espagnole ; il eut une correspondance avec les natu-
ralistes les plus célèbres de son époque. Linné
le proclamait le prince des botanistes américains.

Durant la guerre de l'indépendance, dont

Mutis ne fut pas témoin, les dessins de la *Flore de la Nouvelle-Grenade* furent enlevés par les Espagnols. Ne nous en plaignons pas. Cette riche et inestimable collection est religieusement conservée dans le musée d'histoire naturelle à Madrid. Si elle fût restée à Bogota, il est plus que probable qu'elle aurait été détruite ou tout au moins dispersée et par conséquent perdue pour la science.

Mutis mourut à Bogota en 1808, dans sa 77e année. Sa dernière œuvre fut la fondation de l'observatoire astronomique construit en 1802-1803, sous sa direction, par le capucin *fra* Domingo Petrez, sur un terrain dépendant de la direction de l'expédition botanique. C'est une tour octogone dont les pans ont 13 pieds de largeur. La terrasse hémisphérique terminale est élevée de 132 pieds au-dessus du sol; elle est percée, au centre, d'une petite ouverture laissant pénétrer un rayon de lumière qui projette l'image du soleil sur le sol carrelé de la pièce principale sur lequel est tracée une ligne méridienne et forme un gnomon de 37 pieds 7 pouces d'élévation. Tout y a été disposé pour observer le ciel vers les quatre points cardinaux.

Les fenêtres sont très hautes, pour permettre de viser près du zénith.

Ce que l'on peut reprocher à l'observatoire, c'est que les planchers des salles ne sont pas assez stables. On les ébranle sensiblement quand on marche sans précaution. L'inconvénient ne se présente pas sur la terrasse, construite en voûte. En un mot l'édifice n'est pas assez massif et il est à regretter qu'il ne se trouve pas une salle au rez-de-chaussée.

Pour l'époque, et vu la situation, l'observatoire fut libéralement doté. Le roi d'Espagne donna un quart de cercle de Sisson, deux théodolites, deux chronomètres, sortis des ateliers d'artistes anglais d'une grande réputation. Mutis gratifia l'établissement de quatre lunettes achromatiques, de trois télescopes à réflexion de Dollond, de thermomètres et, cadeau précieux, d'une pendule astronomique de Graham, ayant appartenu aux académiciens envoyés à l'équateur pour déterminer la figure de la terre, enfin d'un quart de cercle de Bird, de 18 pouces de rayon, que de Humboldt avait avec lui dans sa navigation sur l'Orénoque[1].

1. De la Condamine vendit sa pendule au Révérend Père

Il ne manquait à l'observatoire qu'un astronome. Au reste Mutis, esprit aussi sagace que persévérant, jugeant des autres d'après lui-même, était convaincu qu'on pouvait devenir astronome quand on avait à sa disposition les moyens d'observer le ciel.

J'ai vu l'observatoire pour la première fois en 1823. Dans quel état se trouvaient les instruments qu'on n'avait pas volés ! Pendant la guerre, une soldatesque indisciplinée s'en était emparée ; les verres des oculaires avaient été soustraits, ainsi que les chronomètres et les lunettes ; la pendule de Graham était entièrement brisée. Entre les débris je fus étonné de trouver, à peu près intacts, les télescopes à réflexion et le quart de cercle de Bird. Ce fut au milieu de ces ruines que j'installai deux baromètres de Fortin comparés à celui de l'Observatoire de Paris. Je procédai à un inventaire de ces tristes épaves et c'est alors que, dans un

Terol, dominicain de Quito et habile horloger. A la mort de Terol l'instrument passa par diverses mains et fut enfin acheté par Caldas, qui l'apporta à Santa Fé de Bogota. Le quart de cercle de Bird, qui devait être pour Humboldt d'un grand embarras en voyage, fut acheté par Ignacio Pombo.

tas de papiers amoncelés dans une chambre obscure, j'eus le bonheur de découvrir et de sauver de précieux manuscrits : d'abord les observations thermométriques faites pendant un grand nombre d'années dans la *Casa de la Expedicion de botánica,* puis des liasses bien curieuses formées de lettres de religieuses du couvent de Santa Clara à leur directeur spirituel.

Pour savoir ce qu'elles contenaient, il fallut bien les lire. Pauvres recluses, quels épanchements ! quels singuliers péchés que ceux dont elles s'accusaient : elles exaltaient leur amour pour leur époux, Notre-Seigneur Jésus-Christ, en des termes qui auraient pu exprimer des sentiments charnels. Cette correspondance, empreinte d'une pieuse admiration pour leur confesseur, renfermait l'aveu de quelques faiblesses, de fautes évidemment imaginaires. Il eût été indigne de les divulguer ; on aurait violé le secret de la confession. Je brûlai les lettres. Pour un commandant de flibustiers atteignant à peine sa 22ᵉ année, on accordera que c'était une louable résolution.

IV

IV

Excursion pour déterminer les limites du terrain au sud de
Bogota. — Vallée de la Magdalena entre Honda et Ibague.
Observations sur l'accroissement de l'intensité du son
pendant la nuit. — Pont naturel de Pandi ou d'Incononzo.

C'est pendant un séjour de six mois dans
l'ancienne province de Mariquita, alors que
j'étais désigné pour procéder à la recherche des
anciens travaux des mines d'argent de Santana,
que j'eus l'occasion d'étudier la constitution
géologique de la vallée de la Magdalena, depuis
Honda jusqu'à l'embouchure du Rio de Fusagasuga et de fixer les limites sud du grès de Bogota.

Après avoir traversé la chaîne de schistes de
Villeta qui passe à la grauwacke, près de la mine
de cuivre d'Ataca, on rencontre le grès bien
stratifié, en couches presque verticales formées

d'une sorte de poudingue que l'on suit jusqu'au Rio Magdalena.

Je m'installai à Mariquita, après avoir traversé la ville de Honda, où se termine la navigation de la grande rivière.

De Honda, les marchandises venant de Cartagena ou de Santa Marta sont transportées sur le plateau soit par des mulets, soit par des Indiens *cargueros*. On se formera une idée des difficultés des transports quand on connaîtra les accidents du terrain depuis la Bodega Honda jusqu'à Focativa, où commence la plaine de Bogota :

Accidents de terrain de Honda à Focativa.

	Altitude.
Bodega Honda.	256 mètres.
Alto del Sargento.	1 404 —
Guaduas.	1 022 —
Alto del trigo	1 918 —
Villeta	839 —
Alto de Gascas.	1 893 —
Escobal.	1 989 —
Alto del roble	2 807 —
Focativa.	2 641 —

Quoique la distance en ligne droite de Honda à Bogota ne dépasse pas 10 myriamètres, les convois de mules mettent 6 à 7 jours à la franchir ; quant à un *carguero* indien, portant au plus 75 kilos, il n'arrive à la capitale qu'en 12 ou 15 jours.

Mariquita est à trois kilomètres à l'ouest de Honda, à l'altitude de 548 mètres, au pied des premiers rameaux de la Cordillère centrale. Depuis la Magdalena, le chemin est en plaine. C'est une des plus anciennes villes de la Nouvelle-Grenade, fondée, je crois, par Ximenès de Quesada qui fut inhumé dans l'église qu'il y avait fait construire.

Les maisons, spacieuses, couvertes en tuiles, qu'on y rencontre encore, attestent qu'autrefois Mariquita eut une riche population, — *hacenderos*, employés de l'État. — Aujourd'hui c'est une ville déserte : à peine y aperçoit-on quelques misérables habitants, pauvres, souffreteux, goîtreux, crétins ; nous vîmes même un chien affecté de goître. Les rues, bien alignées, la place principale étaient envahies par les mauvaises herbes. On devait tirer les provisions de Honda ou de quelques villages situés dans les montagnes.

Il y fait très chaud ; la température moyenne ne doit pas s'éloigner de 26°,5 et le thermomètre y monte fréquemment à 29°, même à l'époque des pluies. Mariquita offre cet avantage d'être située à 150 ou 200 mètres du Guali, torrent impétueux d'une largeur de 8 à 10 mètres et descendant du *páramo* neigeux de Ruiz, en charriant avec fracas des blocs de granit, de gneiss et de trachyte. Le bruit des eaux est tellement fort que, près du pont en *guadas* (bambou) sur lequel on traverse le Guali, il n'est pas possible, à moins de crier, de causer avec une personne. Je me suis quelquefois arrêté sur les bords du torrent pour écouter les bruits confus qui en sortent. On dirait les cris d'une multitude ; on croirait distinguer des voix cherchant à dominer le tumulte pour se faire entendre. Jamais je n'ai rencontré, dans les Andes, un cours d'eau aussi bruyant. En s'éloignant du Guali, naturellement, le bruit diminue rapidement et, arrivé à Mariquita, distante de moins de 200 mètres, on ne l'entend plus ; on le perçoit à peine lorsqu'il fait jour ; mais, la nuit, le bruit reprend toute sa force et plus d'une fois mon sommeil en a été singulièrement troublé,

à ce point qu'il m'est arrivé de rêver que le torrent faisait irruption dans la maison.

L'accroissement nocturne de l'intensité du
son a, depuis des siècles, fixé l'attention des
physiciens. Aristote en parle dans ses *Problèmes:*
c'est un phénomène qu'on observe près de
chaque cascade. Humboldt eut occasion de l'observer dans la plaine qui environne la mission
d'Aturès, où l'on entend, à plus d'une lieue de
distance, le bruit des grandes cataractes de
l'Orénoque :

« On croit être près d'une côte bordée de
récifs et de brisants. Le bruit est trois fois plus
fort la nuit que le jour et donne un charme
inexprimable à ces lieux solitaires.

« Quelle peut être, ajoute le grand voyageur,
la cause de cet accroissement d'intensité, dans
un désert où rien ne semble interrompre le
silence de la nature ? Il est difficile de la trouver
en partant des faits acceptés par la science. En
effet, la vitesse du son décroît avec l'abaissement de la température. L'intensité diminue
par la dilatation de l'air ; elle est plus faible
dans les hautes régions de l'atmosphère que

dans les régions basses ; elle reste la même dans un air sec et dans un air mêlé de vapeur.

« Dans le village d'Iturès, continue Humboldt, la température nocturne est plus basse de 3° que la température diurne ; en même temps l'humidité apparente augmente la nuit, et la brume qui couvre les cataractes devient plus dense. Or nous venons de voir que l'état hygrométrique de l'air n'influe en rien sur la propagation du son et que le refroidissement en diminue la vitesse.

« On pourrait croire que, même dans les lieux qui ne sont pas habités par les hommes, le bourdonnement des insectes, le chant des oiseaux, le frémissement des feuilles agitées par les vents les plus faibles, causent, durant le jour, un bruit confus dont nous nous apercevons d'autant moins qu'il est uniforme et que nos oreilles en sont constamment frappées. Or, ce bruit, si peu sensible qu'il soit, peut diminuer l'intensité d'un bruit plus fort ; et cette diminution peut cesser naturellement si, pendant le calme de la nuit, le chant des oiseaux, le bourdonnement des insectes et l'action du vent sur les feuilles se trouvent interrompus.

Mais ce raisonnement, supposé que l'on en admette la justesse, ne s'applique guère aux forêts de l'Orénoque, où l'air est constamment rempli d'une innombrable quantité de moustiques, où le bourdonnement des insectes est plus fort la nuit que le jour, où la brise, si, par hasard, elle se fait sentir, ne souffle qu'après le lever du soleil. »

Humboldt pense que « la présence du soleil agit sur la propagation et l'intensité du son par les obstacles qu'opposent les courants d'air de densités différentes et les ondulations partielles de l'atmosphère dues à l'inégal échauffement des différentes parties du sol. Dans un air tranquille, qu'il soit sec ou mêlé de vapeurs vésiculaires également distribuées, l'onde sonore se propage sans difficulté, mais lorsque cet air est traversé en tout sens par des courants d'un air plus chaud, elle se partage en deux ondes à l'endroit où la densité du milieu change brusquement. Il se forme alors des échos partiels qui affaiblissent le son, parce qu'une des ondes revient sur elle-même. »

J'avais pensé, lorsque j'avais eu l'occasion de constater l'accroissement de l'intensité du son pendant la nuit, que le phénomène tenait à la moindre densité de l'air pendant un jour de soleil, me fondant sur ce fait que le son diminue rapidement lorsqu'on raréfie l'air où il se fait entendre et sur cet autre fait, lié d'ailleurs au précédent, que, dans une atmosphère d'hydrogène, on entend à peine le tintement d'une sonnette.

La chaleur, la tension de la vapeur aqueuse agissent sur l'atmosphère comme un abaissement de pression barométrique. Un mètre cube d'air échauffé et tenant de la vapeur aqueuse pèse bien moins qu'un mètre cube d'air froid. Sur le Chimborazo, sur l'Antisana, j'entendais à peine la voix du colonel Hall, et, à Trappes, dans une étuve chauffée à 40° je fus étonné de l'affaiblissement du bruit. Sans doute la diminution de la densité de l'air, occasionnée par la chaleur et l'état hygrométrique, ne suffit probablement pas pour expliquer l'accroissement du son pendant la nuit. Néanmoins, j'ai fait à Mariquita ce que Humboldt n'avait pas fait dans la mission d'Aturez, j'ai noté le baromètre, le thermomètre et l'hygromètre, toutes les fois que j'essayais d'évaluer l'intensité du bruit occasionné par les eaux du Guali. Ces observations serviront peut-être à expliquer un phénomène dont jusqu'à présent on n'a pas donné une explication satisfaisante.

Mes instruments étaient placés sur une grande terrasse, entre la maison que j'habitais et le torrent.

Observations.

Septembre 1826.

12   midi.

Ciel pur, air absolument calme.

 Temp . . . . . 28°,9 Hygr . . . . . 62°

On n'entend pas le Guali ; le torrent semble avoir suspendu son cours.

3 h. s.

Ciel pur, air un peu agité.

 Temp . . . . . 30°,5 Hygr . . . . . 50°

On entend à peine un bruit sourd.

5 h. s.

Ciel pur, air calme.

 Temp . . . . . 30° Hygr . . . . . 56°

On entend faiblement, mais très distinctement le bruit du torrent.

6 h. s.

Beau temps. Le soleil vient de se coucher. Air calme.

 Temp . . . . . 28°,9 Hygr . . . . . 63°

Bruit du torrent assez fort et continu ; il est remarqué que la seule disparition du soleil a déterminé un accroissement d'intensité aussi prononcé.

8 h. s.

Air calme.

Temp . . . . . 27°,2   Hygr . . . . . 65°

Le bruit du torrent est plus fort qu'à 6 h. On entend les cris des cigales.

11 h. s.

Ciel couvert, air assez agité.

Temp . . . . . 26°,8   Hygr . . . . . 69°

Bruit du torrent très fort, assez intense pour qu'on l'entende dans l'intérieur de la maison.

13   8 h. m.

Ciel découvert, air assez agité.

Temp . . . . . 26°,1   Hygr . . . . . 69°

Bruit du torrent faible.
La nuit dernière le bruit était si fort, qu'il devenait incommode.

2 h. s.

Beau temps. Vent fort.

Temp . . . . . 32°,2   Hygr . . . . . 44°

On n'entend pas le Guali.

6 h. s.

Ciel nuageux, air calme.

Temp . . . . . 29°,4   Hygr . . . . . 50°

Bruit du torrent très fort.

10 h. s.

Ciel étoilé, air calme.

Temp . . . . . 26°,8   Hygr . . . . . 68°

Bruit très fort.

14   3 h. s.

Ciel couvert, air assez agité .

Temp . . . . . 27°,8   Hygr . . . . . 70°

Pendant toute la journée le bruit du Guali a été fort. Ciel nuageux, sans éclaircies.

15   9 h. m.

Ciel couvert; air absolument calme.

Temp . . . . . 24°,4   Hygr . . . . . 81°

Toujours bruit très fort.

16   11 h. m.

Ciel pur. Soleil ardent.

Temp . . . . . 27°,8   Hygr . . . . . 76°

On entend à peine le bruit du Guali.

20   2 h. s.

Ciel assez nuageux, éclaircies, air calme.

Temp . . . . . 28°   Hygr . . . . . 74°

On entend distinctement, quoique faiblement, le bruit du Guali. La nuit, il avait beaucoup plu. La terre est humide.

23   9 h. m.

Ciel très couvert.

Temp . . . . . 25°   Hygr . . . . . 100°

Bruit du Guali aussi intense que pendant la nuit, durant

laquelle il a fait un orage accompagné d'une pluie abondante. La pluie n'a pas empêché d'entendre le bruit, elle ne l'a même pas atténué.

Je ne tirerai d'autres conséquences de ces observations que celles-ci : Quand il fait soleil, que l'air est peu agité, le sol sec est échauffé, la température à l'ombre se maintient entre 26°,1 et 32°,2, la moyenne thermométrique étant 29°.

Quand l'hygromètre, dans ces conditions de température, a indiqué de 44° à 76°, en moyenne 62°, du point où j'observais, on n'entendait que faiblement le bruit du torrent. Lorsque, au contraire, le ciel était couvert et que la température, à l'ombre, se maintenait entre 25° et 29°,4, en moyenne 27°, le bruit du torrent paraissait à peu près aussi intense que pendant la nuit. Dans ces conditions, la température de la surface du sol ne dépassait pas sensiblement celle de l'atmosphère qu'elle supportait. J'ajouterai que, de jour comme de nuit, la hauteur du mercure dans le baromètre a été d'environ 0,718.

Je ne pense pas que le poids du mètre cube d'air, lorsqu'on n'entendait pas le Guali (temp.

29°, haut. bar. 0,718 ; hygr. 66° ; tension de la
vapeur à 29°), diffère beaucoup du poids du mètre
cube d'air lorsqu'on entendait le bruit du torrent
(temp. 27° ; haut. bar. 0,719 ; hygr. 72 ; tension de la vapeur à 27°).

C'est probablement à l'échauffement du sol
sur lequel le soleil darde et aux courants d'air
qui en résultent qu'il faut attribuer la diminution de l'intensité du son. Rien de plus remarquable que l'effet de l'apparition des nuages,
c'est-à-dire de l'interposition d'un écran entre
le soleil et la terre pour la réapparition du bruit.

C'est un peu au-dessus du pont que le Guali
sort d'une gorge assez resserrée pour parcourir
la plaine jusqu'à Honda, où il se jette dans la
Magdalena, après un parcours de 3 myriamètres.
J'ai été curieux de connaître la température
des eaux du torrent à son entrée dans la plaine
et à son entrée dans le fleuve. Le 18 décembre
1826, sous le pont, à 1 heure de l'après-midi,
j'ai trouvé :

<pre>
Pour la température de l'air . . . . . . 26°,7
Pour la température de l'eau. . . . . .   20°,55
                  Différence. . . .   6°,15
</pre>

Au même moment une autre personne observait à Honda :

Température de l'air. . . . .   28°,1
Température de l'eau. . . . .   23°,9
     Différence. . . .   4°,2

Au même moment, au-dessus du confluent :

Magdalena : température de l'eau. . .   29°,7
   — de l'air . . .   27°,8
     Différence. . . .   1°,9

A 5 heures de l'après-midi, on observait de
nouveau :

Température de l'air. . . . .   27°,7
Température de l'eau. . . . .   27°,2
     Différence. . . .   0°,5

En parcourant la plaine qui sépare Mariquita
de Honda, la masse d'eau du Guali, qui est considérable, avait acquis une température de 3°,5.
C'est une acquisition bien faible, qu'explique
d'ailleurs la grande vitesse du courant.

J'étais établi, à Mariquita, dans une maison
spacieuse, telle qu'il convient d'en avoir dans
les régions chaudes.

Ma chambre à coucher était une salle immense

dans laquelle il y avait, pour tout ameublement,
un misérable lit, trois chaises en bois, une
table.

Il m'arriva là une petite aventure.

La nuit, j'étais souvent visité par la Fierre.
Elle avait des yeux verts, était remarquablement
bien faite et n'avait pas une origine américaine.
Elle restait avec moi une heure ou deux, puis
s'en allait par où elle était venue, c'est-à-dire
par la fenêtre.

Or il advint qu'une fois la Fierre se mit à
trembler de tous ses jolis membres.

« Il y a quelqu'un de caché ici, je suis perdue !.. C'est lui ! don Juan, défendez-moi...
Écoutez. »

J'entendis en effet des pas. On avançait vers
la couchette.

Saisissant mon *aiguille* (grand sabre, toujours suspendu hors du fourreau, à mon chevet,
je me mis à la poursuite de l'individu qui
semblait fuir à mesure que j'avançais.

Impossible d'allumer une chandelle. Puis l'on
n'entendait plus marcher. La Fierre se retira
dans un état impossible à décrire, et je me
remis en vain à la recherche de l'intrus. De

temps à autre je percevais comme un traîne-
ment de pieds.

Le soleil est paresseux sous l'Équateur. Il ne
se lève jamais avant 6 heures. J'attendis donc
le jour, la flamberge à la main, comme l'ar-
change Gabriel... et alors, je ne vis... rien...
Personne n'avait pénétré dans le sanctuaire...
Et cependant j'avais entendu marcher en glis-
sant sur le sol... Enfin je saisis la coupable :
une volumineuse enveloppe d'un paquet de
lettres et de journaux que j'avais déchirée la
veille et jetée par terre. Par suite du vent qui
pénétrait par le dessous des portes mal jointes,
le rude papier s'était promené toute la nuit en
simulant le pas d'un être marchant à tâtons.
Jamais une aussi grande frayeur ne fut causée
par aussi peu de chose et la Fierre, encore sous
l'impression qu'elle avait éprouvée, ne pouvait
en croire ses yeux, quand je lui montrai le
coupable, celui qui devait la poignarder, celui
avec lequel je devais lutter à mort. Elle dit avec
vérité que, si elle ne s'était pas sentie coupable,
elle n'aurait pas été aussi effrayée et, en façon
de morale, elle ajouta :

« Quand je reviendrai vous voir, n'oubliez pas d'avoir un briquet et des allumettes. »

La recommandation était prosaïque. Cependant la Fierre aimait avec passion. Quand plus tard j'allais quitter Mariquita et la charmante femme, peut-être pour toujours, une jeune négresse me remit une chaîne en or, avec un billet contenant ces seuls mots : « Conservez-la, c'est tout ce que je possède. »

En s'éloignant au-dessus de Mariquita, au N. N.-O. on trouve le granit et le mica-schiste. Dans les alluvions de ces roches il y a quelques lavages d'or : celui de Maspaso alors exploité par des nègres esclaves.

C'est dans le même terrain, plus au sud, que sont les anciennes mines d'argent de Santa Ana, dont les travaux avaient été repris par Del-huyart, sous le gouvernement espagnol, et auxquels, avec le concours d'une puissante compagnie anglaise, on allait donner une grande extension.

C'est en vue de ces nouvelles opérations que j'eus à visiter fréquemment ce district, situé à un myriamètre de Mariquita.

C'est dans le schiste micacé, dans le gneiss

que gisent les filons aurifères renfermant de la
pyrite, de la galène, de l'argent sulfuré.

On procéda à l'ouverture de l'entrée d'anciennes galeries qu'une végétation active avait
obstruées; ce ne fut pas sans peine. Dans une
de ces galeries poussée sur le filon de la Manta,
il nous arriva un incident peu agréable. Trois
mineurs marchaient en avant, quand tout à coup
un serpent s'élança sur eux. D'un coup de
machete (sabre) il fut abattu, blessé à mort. Il
s'agita encore quelque temps. Il était curieux
de voir ce reptile mourant au milieu d'un groupe
de mineurs. Son corps mesurait deux mètres de
longueur et avait neuf centimètres de diamètre.
Sa couleur était blanc livide et ses yeux recou-
verts d'une paupière tombante. Ce n'est que
dans le paradis terrestre que le serpent a des
yeux verts et fascinateurs. Le nôtre possédait
de formidables crochets à venin. On lui coupa
la tête et, ainsi décapité, il passa du souterrain
à la cuisine. Les officiers des mines qui m'accompagnaient voulurent manger du serpent. On
en accommoda un morceau; la chair était
filandreuse, coriace. Je ne pus en goûter, mais
je me rejetai sur la sauce qui était excellente.

Les mines de Santa Ana, avant la révolution,
étaient une perte pour le gouvernement.

En douze ans, sous la direction de Delhuyart,
on retira, en lingots d'argent :   140 000 piastres
    La dépense brute s'élevait à.   200 000   —
                Différence.   60 000 piastres

Mais, dans cette dépense entraient des frais
d'établissement qui ne devaient pas y figurer.
tels que ceux qu'occasionnèrent la construction
des bâtiments, des machines, les dépenses du
voyage des mineurs allemands et les approvi-
sionnements considérables de mercure encore
emmagasiné à Honda.

Je fis, sur le gisement argentifère, un rapport
favorable.

Après quelques années de travaux bien diri-
gés, on obtint de bons résultats. D'abord, —
cela était prudent, — le minerai lavé fut expé-
dié en Angleterre pour y être traité. Plus tard
le traitement eut lieu sur la mine. On a retiré
et l'on retire encore des bénéfices satisfaisants.

Santa Ana, après l'abandon des travaux.
tomba dans une misère extrême. La population
diminuée se réduisit à quelques familles souf-
freteuses.

Si ce n'eût été l'envahissement de la végétation qui survient constamment quand la population s'éclaircit, et l'insalubrité qui en résulte,
le climat eût été meilleur que celui de Mariquita.

Dans une des nombreuses visites que je
faisais au village désemparé, j'assistai à une
scène assez réjouissante. J'étais accompagné
de mon excellent ami, le chanoine Cespedès, un
infatigable botaniste. Il me montrait, avec
enthousiasme, les plantes les plus rares aux
yeux d'un Européen, les arbres à caoutchouc,
par exemple. Il ne put résister au plaisir d'en
saigner un en me priant de donner quelques
coups de sabre sur le tronc. Le suc coula aussitôt et, quand la traînée eut atteint un mètre,
on vit le suc se coaguler subitement. Nous nous
procurâmes ainsi un demi-kilogramme de
bandes de gomme élastique.

Notre entrée au village fit sensation. Le
commandant don Juan avait un curé ; on en
était privé depuis si longtemps! Il arrivait juste
la veille de la Santa Ana. Aussi, à peine avions-
nous mis pied à terre que l'alcade et les gros

bonnets vinrent supplier Cespédès de vouloir bien dire une messe en l'honneur de la patronne, le lendemain, pour sa fête. Le brave curé accepta avec empressement, en ajoutant que ce serait moi qui servirais la messe.

—Mais, lui dis-je à l'oreille, vous savez bien que je ne saurai pas comment m'y prendre et que, d'ailleurs, je ne crois pas à la messe.

— C'est égal, je vous soufflerai, ce sera amusant.

Le ciel décida que j'échapperais à une situation embarrassante. Nous logeâmes au presbytère et, après un souper digne d'un chanoine, une omelette, des haricots et de l'eau-de-vie, nous nous couchâmes sur des cuirs de bœuf étendus sur le sol. Nous dormîmes, après que le zélé botaniste m'eut nommé les espèces nouvelles qu'il avait trouvées dans notre excursion.

Je fus réveillé, au lever du soleil, par le mouvement que se donnait le curé pour préparer sa messe, et je le vis buvant, par distraction, deux *coupes* de rhum qu'il téta successivement dans une bouteille laissée sur la table. Aussitôt je fermai les yeux, et le bon prêtre de me regarder, en disant doucement :

« Don Juan ! don Juan ! » Il me fut impossible de garder mon sérieux. Me voyant sourire : « Ah ! il ne dort plus, alors pas de messe ! J'ai pris imprudemment la *mañana* (la goutte). »

D'où je conclus que si j'avais été endormi, il aurait parfaitement dit sa messe et communié.

Lorsque les autorités municipales vinrent chercher le chanoine, elles apprirent que Santa Ana, pour sa fête, devrait se contenter d'un beau *rosario*. On chanta, en effet, à n'en plus finir, on encensa et l'affreux tronçon de bois peint représentant la sainte ne témoigna aucun mécontentement. On profita de notre présence pour préparer un hectolitre d'eau bénite.

Pour remplir la mission que l'on m'avait confiée, j'ai dû parcourir, dans bien des directions, la partie de la vallée de la Magdalena comprise entre Mariquita et Ibagué, et même plus au sud jusque dans le voisinage de Neyba.

Mon exploration s'étendit sur toute la base de la Cordillère centrale. Le terrain cristallin continua à être métallifère, comme à Santa Ana et à Malpaso. Dans le Valle de San Juan, près Ibagué, l'on a exploité du cuivre pyriteux, ainsi qu'à Puebla de Minas. La gangue du mi-

nerai est un grenat vert, à beaux cristaux. Les
couches de grès coquillier, dans la vallée de
San Juan, sont très inclinées à l'est et reposent
sur la roche granitoïde. On peut couvrir avec
la main le point de superposition. C'est bien
dans ces parages qu'est la limite ouest du terrain du plateau de Bogota. Cette limite est la
Cordillère centrale.

Dans la vallée de San Antonio, où l'on voit le
grès plongeant toujours à l'est, se trouve la mine
el Sapo, autrefois exploitée par Mutis. Je pus
pénétrer dans une galerie percée dans un granit
syénitique pour exploiter un filon de blende et
de sulfure de plomb argentifère. On observa là
une roche formée de grenat et de calcaire. Les
bâtiments d'amalgamation existent encore.

En approchant d'Ibagué, les dépôts isolés de
débris de gneiss, de granit, de trachyte d'une
épaisseur quelquefois considérable, présentant,
à distance, l'aspect de châteaux forts et qui
donnent à la plaine un caractère particulier,
ont disparu.

Ces immenses dépôts d'alluvions procèdent
des cimes des montagnes élevées qui limitent,
à l'ouest, la vallée de la Magdalena et dont les

eaux donnent lieu à des torrents tributaires de ce grand fleuve.

C'est un pénible voyage que celui de Mariquita à Ibagué ; un soleil ardent et une extrême sécheresse, aussitôt qu'on s'éloigne des cours d'eau, dont le passage suscite plus d'un embarras, plus d'un danger, non par leur profondeur, mais à cause d'une extrême rapidité, et surtout par des crues subites que rien ne fait présager.

Ces rivières torrentueuses, en approchant de la Magdalena, coulent à l'est, alimentées par de nombreux ruisseaux. Les principales, à partir de Mariquita, sont : les rios Guayaval, Sabandija, Viejo, Lagunilla, Venadilla, Totave, recevant la China ; el Alvarado, près Ibagué.

Des villages peu importants sont ordinairement établis à une petite distance des rivières dont ils portent le nom.

Les gués se retrouvent rarement dans la saison des pluies. On doit alors faire halte ou aller chercher un point guéable, en se rapprochant de la Cordillère. En fait, toutes les fois que l'eau atteint la ventrière du cheval, il ne faut pas s'aventurer à franchir un torrent.

Je me rappelle qu'arrivant un jour au rio
Lagunilla, on jugea le gué impraticable. On se
décida à faire un *pont*, opération bizarre, à
laquelle j'ai assisté plus d'une fois. Tout le
monde se déshabilla, les guides allèrent chercher des galets pesant au moins 15 à 20 kilos ;
chacun en prit un, qu'il maintint sur sa tête
avec le bras, puis, soutenu par un praticien
ayant une grosse pierre attachée sur les
épaules, on entra résolument, un à un, dans
le torrent, dont la largeur dépassait certainement 25 mètres. Il ne fallait pas trop lever les
pieds, mais glisser, en quelque sorte, sur les
pierres roulées du fond. Un bâton pour s'appuyer
serait, dans cette situation, dangereux ; car,
pour peu qu'on s'appuyât, on perdrait pied, et
on serait entraîné. La sensation est assez inquiétante, quand on passe ainsi pour la première
fois. Par une illusion facile à comprendre, on
se croit transporté, à une grande vitesse, en
amont de la rivière : le bruit est assourdissant ;
impossible de parler à son souteneur, même de
lui faire un geste, puisque les bras sont employés
à maintenir la pierre *pont* dont on est surmonté
Le guide d'ailleurs vous maintient solidement,

et ce n'est pas sans éprouver une certaine satisfaction qu'on touche au rivage. Il n'y a pas de
nageur qui puisse résister au courant; si l'on
tombait, on courrait grand risque d'être emporté.

Mes hommes pratiques passèrent les selles et
les bagages, en les alourdissant avec des galets,
puis les chevaux.

Presque tous ces pauvres animaux, arrivés
vers le milieu de la rivière, tombaient sur le
flanc et même tournaient sur eux-mêmes; mais
un passeur, posé sur la rive opposée, les maintenait avec une corde solidement attachée au
cabezeron (harnachement) qu'on ne néglige
jamais d'emporter quand on voyage dans les
Cordillères.

Le passage du Lagunilla dura près de deux
heures.

En approchant de Venadillo, on se trouve
dans une forêt de *palma real*, un palmier dont
le port est magnifique, dont on retire une sorte
de vin. Le curé du village voulut bien me faire
assister à une vendange.

Dans l'après-midi, on abattit un de ces géants.
Il mesurait 20 mètres. Une fois par terre, on

creusa une cavité, une auge, d'une capacité de 15 litres environ, près de l'extrémité inférieure du tronc et on la couvrit avec des feuilles. Le lendemain matin à 10 heures, l'auge était presque remplie d'un liquide en pleine fermentation, d'une saveur aigrelette et alcoolique. Cette boisson est agréable ; cependant, bien que les palmiers soient abondants, les habitants de Venadillo n'en font point usage : ils préfèrent le *guerrapo*, jus de canne à sucre fermenté.

Dans les environs du village on connaît des gîtes assez importants de bitume. Ces exsudations d'asphalte consistant se montrent depuis Boca Nemé (bouche de bitume) au-dessus de Mariquita. Ils s'épanchent de conglomérats trachytiques, ce qui les rapprocherait, quant à l'origine, de l'asphalte de Pont-du-Château, en Auvergne. Je n'en ai pas rencontré dans les conglomérats de la vallée du Cauca.

Après le rio Venadillo, vient le rio Totane, ayant pour affluents principaux la China d'Alvarado que l'on passe pour arriver au rio Chipalo, venant d'Ibagué, et, plus au sud, en allant aux vallées de San Juan et de San Antonio, les rios Opia, Cuello de Saldaña.

On voit quels nombreux cours d'eau dépendent de la Cordillère centrale dans la vallée haute de la Magdalena et quelle fertilité il pourrait en résulter pour le sol s'ils étaient maîtrisés et utilisés pour l'irrigation. Laissés à eux-mêmes, ce sont des dévastateurs. Durant les crues, qui sont fréquentes, ils débordent et entraînent tout ce qui se trouve sur leur passage, en laissant sur la terre des débris de roches.

Le Père Acosta raconte, dans sa chronique, que le 12 mars 1595, à une heure du matin, pendant une éruption des volcans de Tolima et de Ruiz, les rios Guali et Lagunilla charriant des boues, des cendres, des blocs de pierre, dont plusieurs, gros comme le quart d'une maison et sortant de leurs lits, inondèrent la savane en faisant périr tout le bétail dispersé jusqu'à 4 ou 5 lieues de Mariquita. C'est bien là l'origine de ces masses d'alluvions, de conglomérats trachytiques, que l'on observa dans la plaine. Telle fut l'abondance des pierres et des matières boueuses apportées par ces rivières que leurs eaux en étaient encore chargées quand elles entrèrent dans la Magdalena.

Acosta visitait la province de Mariquita deux

années après cette éruption et il put encore constater les ruines qu'elle avait causées.

Il est d'autant plus probable que les amas de débris trachytiques, de galets, répandus dans la haute vallée, ont été apportés par les rivières de la Cordillère, lors des grandes inondations déterminées par des éruptions que, plus au sud, au delà d'Ibagué, où cessent les volcans, on n'observe plus des assises de conglomérats.

Durant l'*invierno* (saison pluvieuse) les steppes sont des pâturages ; dans la saison saine, le bétail se retire vers les cours d'eaux ou dans les bois. Les êtres vivants ne peuvent se passer d'humidité.

Les reptiles abondent dans les endroits frais. J'ai pu m'en convaincre. Voyageant de nuit et m'étant égaré, je pris gîte dans une misérable cabane, bâtie dans un bouquet de bois. Il fallut se coucher sans souper. A 4 heures du matin j'étais à cheval, à 7 heures j'arrivais au *sitio* nommé Picota, entouré de beaux caoutchoucs. Près d'une source, on aperçut dans l'herbe un serpent. Un enfant d'une dizaine d'années s'empressa de couper une branche et, l'ayant dépouillée de ses feuilles, il en appliqua résolu-

ment un coup sur le reptile qui mourut, après
s'être agité pendant quelques instants. C'était
un serpent à sonnettes d'un mètre de longueur.
Il portait huit anneaux cornés à la queue. Nous
le mîmes dans une calebasse, avec de l'eau-de-
vie. Il doit figurer encore aujourd'hui dans le
musée d'histoire naturelle de Bogota. Le petit
bonhomme nous dit que, très souvent, le matin,
il avait l'occasion de tuer un *cascabel* près de la
source.

Rien de plus pénible que l'insolation que l'on
subit en voyageant dans les steppes. Dans la
saison sèche, quand l'air est calme, la chaleur
devient suffocante. On peut à peine respirer.
C'est ce que j'éprouvai une fois, d'une manière
inquiétante, en me rendant de Venadillo à
Piedras. Ayant aperçu dans le lointain et hors
de mon chemin une habitation, je mis mon
cheval au galop pour m'y rendre. C'était un immense hangar (*ramada*) sous lequel on préparait de la viande sèche. Une fois à l'abri du
soleil, je ressentis d'abord du bien-être, puis
une sensation de fraîcheur assez prononcée
pour juger prudent de mettre mon *puncho* de

laine. Ayant installé le baromètre sous la
ramada, ce ne fut pas sans étonnement que je
reconnus que, à l'ombre, le thermomètre marquait 40°. Quelle devait donc avoir été la température à laquelle j'avais été exposé au soleil
pour que celle de 40 eût paru froide.

Vers le soir, je continuai ma route afin de
passer la nuit à la Cerca de Piedras, sorte de
caravansérail où s'arrètent ceux qui vont à
Ibagué ou à Neyba. On s'y procura de l'eau
fraîche, une marmite de terre, du bois et pas
autre chose. En route, nous avions tiré dans une
bande de perroquets. Il en était tombé deux que
je destinais à notre déjeuner. Il était trop tard
pour songer à souper. Après avoir fait plumer
les oiseaux, je les mis sur le feu, avec juste le
volume d'eau nécessaire pour obtenir le bouillon substantiel. La marmite était portée sur
trois pierres formant trépied, hors de la maison.
Comme à la Cerca de Piedras il y avait nombreuse compagnie, je me couchai à côté de mon
aiguille, de manière à faire respecter ma propriété; je m'endormis profondément, trop profondément, car, avant le lever du soleil, ayant
soulevé le couvercle du pot-au-feu, je m'aperçus

qu'on l'avait écumé. Des *arrieros*, allant au sud, avaient volé mes perroquets. Le bouillon était un parfait consommé ; mais détestable, parce qu'on avait oublié de vider les oiseaux.

Dans les plaines d'Ibagué et de Neyba on connaît une petite araignée d'un aspect charmant. Son dos est rouge et marqué de points noirs disposés symétriquement. Elle tend ses toiles sur les brins d'herbe ; on la nomme *coya,* les habitants la redoutent comme la bête la plus dangereuse qu'on puisse trouver ; on n'en finirait pas s'il fallait raconter tous les malheurs occasionnés par cet insecte. Il suffirait, par exemple, de l'écraser sur la peau recouvrant un nerf pour éprouver les plus graves accidents et même pour en mourir. Le seul remède efficace pour échapper au poison est de prendre, à l'intérieur, des excréments de l'homme. Un animal qui mange une *coya* succombe immédiatement, et l'on nous assurait gravement que plus d'une mule était morte pour avoir brouté de l'herbe dans laquelle se trouvait la terrible araignée. La *coya* est si commune que les accidents auraient dû être bien fréquents, et comme, au contraire, on admettait qu'ils étaient rares, je commençais à croire que tout ce qu'on nous disait était autant de fables.

En présence de plusieurs habitants d'Ibagué, je fis avaler plusieurs *coyas* à un poulet qui les mangea avec avidité et ne s'en trouva nullement incommodé. Enfin, à la grande frayeur des spectateurs, j'écrasai des *coyas* sur mon bras sans qu'il en résultât le moindre accident, ou la plus légère irritation. Je crus avoir convaincu mon auditoire sur l'innocuité de l'araignée. Il n'en fut rien. J'avais un charme, que j'avais communiqué au poulet.

Bouguer, à son retour de l'équateur, passant par Neyba, entendit parler de la *coya* et fit sur des mules, sur des poules, des expériences qui prouvèrent, comme les miennes, que cette araignée n'est aucunement venimeuse. Il y avait de cela un siècle. Dans un siècle, un autre observateur aura sans doute à reproduire les mêmes observations. Dans les plaines on continuera à regarder la *coya* comme un insecte des plus dangereux. La superstition est persistante. J'ai rapporté cette araignée en Europe. Audoin l'a décrite dans les *Mémoires de la Société entomologique*.

Après un séjour de six mois dans la haute vallée, je remontai sur le plateau de Bogota. Mon point de départ fut Ibagué où je m'étais installé pendant quelques jours pour me reposer des fatigues que j'avais éprouvées.

En sortant de cette petite ville, on suit la rive droite du rio Combayma jusqu'à sa jonction avec le rio Coello. D'Ibagué au Sitio de la Puerta, on voit le grès coquillier, prolongement de celui des vallées de San Juan et de San Antonio. Je passai le rio Magdalena au *paso* de Guayacan. Il était tard, il fallut dormir sur la rive. Ayant une provision de rhum qui m'embarrassait, j'imaginai de donner un bal pour la diminuer.

La réunion fut nombreuse, presque nue. Les dames mulâtres ou *zambas* auraient été assez bien de leurs personnes, si, toutes, sans exception, n'avaient été *caratosas*, dartreuses au plus haut degré ; leur peau multicolore présentait un aspect bizarre, un assemblage de grandes taches bleuâtres, jaunes, rouges, sur un fond cuivré.

Les riverains des grands fleuves sont ordinairement sujets aux dartres, ce qu'on attribue

à l'usage du poisson comme nourriture, au
maïs mangé en galettes et aussi à l'irritation
produite sur le derme par l'attaque incessante
des *mosquitos*.

La gaîté devint excessive : les danses impossibles : les cris et les chants très risqués, et
cela avec une température de 32°. Mon mule-
tier, un respectable et respecté habitant d'Ibagué, alcade, je crois, fut atteint d'une vraie
frénésie. D'abord il ôta sa veste, puis son gilet,
puis sa chemise, puis son caleçon... Quant à
moi, j'étais étendu dans mon hamac, suspendu
au-dessus du tumulte. Les femmes étaient les
plus surexcitées. L'homme ivre est un animal
immonde.

Au *paso* de Guayacan, le baromètre donne,
pour altitude, 371 mètres. Or, à Honda, l'altitude étant 270 mètres, la différence de niveau
pour une distance de 9 myriamètres parcourue
par le fleuve serait de 100 mètres.

Au Sitio de Guyacan, le cours de la Magdalena est fort paisible et dirigé du Sud au Nord.
Quelques lieues plus bas, le fleuve tourne à
l'Ouest pour reprendre, à partir du Coello, sa
direction au Nord.

Après avoir traversé le rio Fusagasuga, je pris le chemin de Melgas (altitude : 366 mètres), village au milieu des palmiers et, franchissant l'Alto de Portachuelo (altitude : 1 400 mètres), je descendis dans la vallée de Pandi, où je m'arrêtai sur le pont d'Icononzo.

C'est un étonnant spectacle !

Un pont naturel, jeté sur une profonde et obscure crevasse, large de 12 à 13 mètres, dans laquelle coule avec fracas le torrent de Summa Paz qui prend, un peu plus bas, le nom de Fusagasuga. Ce pont est la communication de la route de Melgar. Les Indiens y ont posé des madriers, des balustrades.

De cette station, on ne juge pas bien le phénomène géologique. Il faut descendre par un chemin plan jusqu'à un second pont, à 11 mètres au-dessous du premier et beaucoup plus large.

Là, par une ouverture de deux mètres carrés existant dans le sol du pont, on aperçoit le reflet des écumes que l'eau fait jaillir en passant avec une vitesse extrême. En suivant le mur de la crevasse sur une saillie étroite du rocher, je pus, avec mon pauvre compagnon Goudot, avancer assez pour me placer en un

point où l'on est debout sur le bord du précipice dans un demi-jour et sans la moindre as-
périté pour se retenir. Un bruit étourdissant
s'élevait du fond de l'abîme : nous éprouvions
une vive émotion.

C'est de cette station scabreuse que l'on peut
bien observer, ce que j'ai été à même de voir.
que la jonction des deux parois parallèles et
verticales du gouffre n'est pas formée, comme
tous le disent, par trois pierres qui, s'étant rencontrées dans leur chute, auraient été arrêtées
en se soutenant réciproquement. Il m'a semblé
que le pont naturel consiste en deux roches formant saillie dans la crevasse et que c'est entre
ces roches fixes qu'un énorme bloc aurait été
arrêté dans sa chute, formant comme une clef
de la voûte.

La construction du pont supérieur est moins
facile à saisir. Il y a là certainement des blocs
qui ont aussi été arrêtés pendant leur chute,
mais il paraîtrait que, lors des travaux exécutés
pour consolider le passage, on a fait intervenir
des fragments de grès. La voûte naturelle aurait
environ 5 mètres d'épaisseur.

La crevasse ou fissure de Pandi, dirigée de

l'est à l'ouest, peut avoir une lieue de longueur totale. Du pont elle se prolonge d'environ un quart de lieue, en diminuant graduellement de hauteur ; l'eau coule alors dans un lit non encaissé, à travers une forêt. La largeur moyenne est estimée à 10 ou 12 mètres. C'est à l'ouest du village de Pandi et bien au-dessous de Doa que le rio Summa Paz s'engouffre dans la fissure, d'où il sort pour se rendre dans le Fusagasuga.

La crevasse comprise entre deux parois verticales a, mesurée du pont naturel, une profondeur de 93 mètres. C'est une cavité considérable que, par sa régularité, Humboldt a comparée avec raison au vide résultant d'une ancienne exploitation des mines.

En plongeant la vue dans le gouffre, lorsqu'on est placé sur le pont inférieur, on distingue, sur des saillies de la roche, semblables à celles sur lesquelles nous nous sommes aventurés, Goudot et moi, de nombreux nids circulaires : on croyait voir des fromages étalés sur les tablettes d'une laiterie. En lançant un bâton dans l'abîme, on vit aussitôt sortir une multitude d'oiseaux nocturnes, voltigeant en tous sens. Nous ne pûmes nous assurer s'ils jetaient des cris, ce qui est vraisemblable, à cause du bruit formidable du torrent. Ces volatiles, qui avaient les dimensions de ces grosses chauves-souris, de ces vampires de l'Équateur, sont une variété de *caprimulgus*, des *guacharos* de la caverne où coule le rio souterrain de Carripo décrit par Humboldt, lorsqu'il explorait la forêt de Cumana. Ce sont des animaux chargés de graisse, dont on extrait une huile comestible.

Les cavernes de Chapaval, sur le haut Magdalena, sont aussi habitées par des *guapacos* semblables aux *guacharos*. Il est curieux de rencontrer, dans des lieux obscurs et humides, séparés par de grandes distances, les mêmes oiseaux nocturnes et graisseux.

Le grès d'Icononzo est en couches presque horizontales, l'inclinaison ne dépassant pas quelques degrés vers le sud. La roche est jaune clair, à grains siliceux, en assises puissantes, alternant avec des couches schisteuses; on la suit sans interruption jusqu'au plateau.

J'ai trouvé l'altitude du pont naturel de 840 mètres; celle du fond de la crevasse serait donc de 740 mètres. Si on compare cette dernière à celle du rio Fusagasuga à Mesya, près la

Magdalena, à 366 mètres, on voit que, pour une distance en ligne directe, de 2 myriamètres, la différence de niveau serait de 374 mètres, soit une pente de 18 à 19 millimètres par mètre.

On admet volontiers que la fissure d'Icononzo est due à un tremblement de terre. Il me paraîtrait plus naturel de supposer qu'elle a été produite pendant le soulèvement du terrain arénacé.

Quoique infiniment plus grande, elle n'est pas plus surprenante que l'espace resserré dans lequel coule la Quebrada del Obispo, entre Monserrate et Guadalupe.

Du village indien de Pandi (alt. : 977 mètres) je montai sur l'esplanade de Bogota en passant par la charmante et tempérée station de Fusagasuga (alt. : 1 833 mètres). Avant d'arriver à Barro Blanco, on passe un torrent sur un pont de bois très élevé et très étroit. L'impétuosité du courant, la forme bizarre des rochers, la vigoureuse végétation qui les encadre, présentent un tableau des plus pittoresques.

Au-dessus de Fusagasuga, on aborde la *tierra fria*, par Soacha.

V

Suc vénéneux de l'ajuapar. — Accidents survenus pendant
l'analyse de cette matière. — Le commandant don Juan
en nourrice. — Rayonnement nocturne à Bogota.

Dans une excursion dans les *tierras calientes*,
voisines de Bogota, j'avais entendu parler d'un
suc végétal employé pour la pêche. Il suffisait
d'en jeter dans un cours d'eau pour voir les
poissons venir à la surface.

L'arbre dont on extrait, par incision, cette
substance toxique, est l'*ajuapar* d'après mon
ami Cespedès, l'*uva crepitans* de Linné. On le
nomme *sablier* dans les Antilles françaises,
parce que son fruit, quand il est vidé, laisse
une enveloppe ligneuse résistante, une sphère
sensiblement aplatie, divisée par des côtes, d'un
joli aspect, dont on se sert pour placer la

poudre, le sable que l'on verse sur le papier afin de sécher les caractères que l'on vient de tracer. Il arrive que cet élégant sablier, ayant la forme d'un melon cantaloup en miniature, éclate quelquefois subitement en plusieurs morceaux sans qu'on puisse prévoir ou expliquer cette sorte d'explosion.

Le docteur Roulin, sachant que je désirais étudier la nature du suc laiteux de l'ajuapar, m'en expédia de Guaduas plusieurs litres dans une tige de bambou qu'il ferma avec soin. Je commençai de suite, avec M. de Rivero, l'examen chimique de ce poison.

Le lait végétal aurait tout à fait l'apparence du lait de vache, s'il n'avait une légère teinte jaune. Il n'a pas d'odeur. Quand on le goûte, il paraît d'abord sans saveur, mais bientôt on ressent une très forte irritation dans l'arrière-bouche.

Je n'ai pas à décrire ici les procédés d'analyse très imparfaits auxquels nous soumettions le suc laiteux : nous y trouvâmes de l'albumine, une huile volatile extraordinairement caustique, un principe cristallisé alcalin, probablement un alcali végétal, des substances salines dans lesquelles dominait le nitrate de potasse, que nous obtenions en beaux cristaux.

Ce que je veux noter ici, ce sont les accidents graves que nous éprouvâmes, moi particulièrement, dans le cours de nos expériences.

Deux litres de suc laiteux furent mis à évaporer à une douce température : je surveillais l'opération en agitant continuellement le liquide. M. de Rivero se tenait dans une autre pièce du laboratoire, occupé à faire quelques essais. (On verra bientôt pourquoi je note ce détail.)

J'interrompis l'évaporation parce que nous devions nous habiller pour aller dîner chez le chargé d'affaires de S. M. Britannique, le colonel Hamilton. Les invités étaient nombreux. A peine le repas était-il commencé que je remarquai que M. de Rivero était devenu pourpre. Quant à moi, je ressentais une vive douleur au visage, je me trouvais mal à l'aise ; aussi, à peine fut-on levé de table que je retournai à la maison, où Rivero ne tarda pas à me rejoindre : nous avions l'un et l'autre des figures impossibles, je souffrais horriblement ; c'était la sensation d'une brûlure. Bientôt il me fut impossible d'ouvrir les yeux ; une ophtalmie intense

se déclara. Rivero n'éprouva pas, à beaucoup
près, des symptômes aussi alarmants ; c'est qu'il
n'avait pas été exposé directement aux émanations malsaines du poison.

Je dirai de suite combien ces émanations
doivent être subtiles. Roulin, qui n'avait fait
autre chose que d'assister à l'extraction du suc
d'ajuapar, le courrier chargé de transporter le
suc de Guaduas à Bogota, les habitants des maisons où le courrier avait logé durant son
voyage, furent tous atteints d'ophtalmie.
J'ajouterai que Linné assure que le suc de l'*uva
crepitans* rend le poisson aveugle, et que, s'il en
tombe dans les yeux, on est atteint de cécité
pendant huit jours.

Il y avait sans doute une consolation dans la
limite du mal. La cécité commençait et l'inflam-
mation de l'épiderme de la face me causait une
vive douleur ; on alla à la recherche d'un médecin. Il ne s'en trouvait pas dans la ville,
heureusement peut-être. Enfin on mit la main
sur un *frater* de régiment, ayant fait les campagnes des *llanos* et connaissant par conséquent
les effets délétères de l'ajuapar. Après un
prompt examen, il déclara qu'il fallait sans

retard, si je tenais à conserver la vue, faire des lotions de lait de femme. Sur mon observation que le lait de vache devait agir comme le lait de femme, que je ne pourrais pas d'ailleurs me procurer :

— Pas du tout, pas du tout ! dit le chirurgien, il faut absolument du lait de femme.

Le général Pepe Paris, commandant de Bogota, qui était accouru lorsqu'il avait appris l'accident, ajouta :

— Vous aurez du lait de femme à discrétion, je m'en charge, je vais en parler à Mariquita.

Et il sortit aussitôt. Alors le major me dit à l'oreille : « Vous voilà sur le flanc pour une quinzaine de jours, la nourrice vous distraira ! »

La générale, l'excellente Mariquita, arriva : « Pauvre don Juan, dans quel état vous êtes! » et elle se mit à pleurer... « Voici Candelaria. »

Quant à Candelaria, elle pleurait, braillait comme un enfant : « Dieu ! voyez, maîtresse, comme il est laid ! Est-ce qu'il restera toujours comme cela? »

Et aussitôt elle commença ses fonctions en

lançant du lait sur ma figure. J'avoue que j'en
éprouvai un soulagement immédiat. Deux fois
par jour je fus soumis au même traitement; je
ne commençai à pouvoir ouvrir les yeux que le
cinquième jour. Je reconnus alors Candelaria,
une ancienne connaissance, l'image de la Vénus
hottentote. Quels soins elle me prodiguait!
Voyant la difficulté que j'éprouvais à prendre
des aliments, tant mes lèvres étaient ulcérées,
elle imagina de me donner à téter : c'était délicieux!

J'usais du privilège accordé aux nourrissons
de palper, de presser le sein qui les allaite.
Quelles mamelles! Le volume d'un énorme po-
tiron! Et la crinoline charnue dont la nature
avait doté Candelaria, c'était prodigieux!

Le huitième jour, je voyais très nettement,
je ne souffrais plus. Linné avait raison; je pus
me lever. Le traitement au lait de femme aurait
pu cesser, mais la bonne Candelaria tint à le
prolonger; j'y consentis pour lui faire plaisir.
C'était pour elle une satisfaction.

Lorsque, complètement rétabli, j'allai chez
le général Paris, la bonne négresse m'attirait
dans un coin et tenait à ce que je prisse quelques

gorgées de son lait, ce que je n'aurais su lui refuser. A l'état-major, on s'amusait à mon endroit, ce dont je riais; mais il arriva qu'un de ces messieurs poussa la plaisanterie un peu loin en posant en principe qu'un nourrisson qui caressait sa nourrice commettait une sorte d'inceste; je me fâchai, et sans l'intervention du général il y aurait eu un duel.

Mon *ama de leche* (nourrice) avait dix-huit ans; elle était fière de son petit, ainsi qu'elle me nommait : « Voyez, disait-elle, comme il est maintenant: si vous l'aviez vu quand je commençai à lui donner le sein! »

Un beau sein d'ébène, ma foi!

J'ai souvent fait cette réflexion que les voyageurs s'exposent à de sérieux dangers pour arriver à un résultat à peu près insignifiant : c'est même fréquent, et l'étude de l'ajuapar en est une preuve.

C'est toujours l'espérance qui lance dans les aventures; et, par le fait, si les recherches entreprises sur le suc de l'*ura crepitans* eussent été poursuivies, on aurait mis hors de doute l'existence du nouvel alcaloïde que nous n'avons fait qu'entrevoir.

La sensation de froid qu'on éprouve pendant les nuits sereines sur le plateau de Bogota, quoique la température de l'air descende rarement à 10 ou 12 degrés, est due à un effet du rayonnement vers les espaces célestes.

On assure, mais je n'ai pas eu l'occasion de le constater, qu'il y a quelquefois congélation de petites flaques d'eau, et assez fréquemment, pendant les nuits claires, lorsque l'atmosphère est calme, les bourgeons, les fleurs, sont détruits par la gelée. Le dégât ne devient manifeste qu'au lever du soleil. Les organes atteints paraissent intacts, mais à peine sont-ils frappés par un rayon de lumière qu'ils se couvrent de gouttelettes; leur tissu devient flasque; la désorganisation est évidente; bientôt ils se dessèchent, noircissent et tombent. On dit alors que la plante est brûlée.

En Europe, les jardiniers attribuaient les gelées printanières à l'influence de la lune rousse, jusqu'à ce qu'Arago eût fait voir qu'elles étaient la conséquence du froid résultant de la radiation nocturne. Il est à remarquer, par exemple, qu'en France la température moyenne des mois de mai et de juin correspond précisément à la température des régions des Cordillères où les gelées survenant la nuit font mourir les jeunes plantes. Ainsi, en Europe, la nuit, au printemps, le thermomètre se maintient généralement entre 8 et 12 degrés, de sorte que si, par rayonnement, la plante prend une température inférieure à celle de l'air ambiant, de 6 à 10 degrés, elle acquiert une température approchant de la congélation, et ce refroidissement, dû au rayonnement du végétal vers les espaces célestes, est absolument indépendant de la lumière de la lune; il suffit, pour qu'il se produise, que les conditions soient favorables à la radiation, que la nuit soit sereine, l'air calme, qu'il n'y ait pas de nuages.

Dans les Cordillères, ces conditions sont fréquentes, et si la température de l'atmosphère ne dépasse pas 8 à 10 degrés, la gelée nocturne peut avoir lieu. En d'autres termes, on aura la lune rousse toute l'année par la raison que toute l'année on est dans un climat printanier d'Europe.

La grêle, que l'ouragan et le tonnerre accompagnent toujours, est sans doute un terrible fléau; en quelques instants, elle anéantit les espérances du cultivateur. Bien que se manifestant dans le calme le plus absolu de la nature, la gelée par rayonnement est plus redoutable encore. Un nuage orageux ne lance des grêlons destructeurs que sur une zone ordinairement circonscrite tandis que les effets désastreux de la radiation nocturne embrassent des régions entières. Des vignobles, des vergers, des champs sont subitement frappés pendant la nuit, non pas par le froid de l'atmosphère, mais parce que le ciel est étoilé et que l'air est stagnant.

Quand on connaît les causes qui occasionnent la gelée par radiation, on est naturellement conduit à se demander s'il n'y aurait pas un moyen de préserver de son action destructive les cultures trop étendues pour être abritées par des écrans. Ce moyen existe. Il consiste à troubler la transparence de l'atmosphère. Les Indiens, de temps immémorial, l'ont appliqué avec succès dans le haut Pérou, où l'on est, plus que partout ailleurs, exposé à voir les récoltes détruites par l'effet de la radiation nocturne. Là, les plateaux, élevés de 2000 à 4000 mètres au-dessus de l'océan Pacifique,

ont, malgré leur proximité de l'Équateur, à
cause même de cette grande altitude, une température moyenne et à peu près constante de
7 à 14 degrés. Les Incas, ces civilisateurs,
avaient parfaitement déterminé les circonstances
dans lesquelles les plantes gèlent pendant la
nuit. Ils savaient que la gelée a lieu sous un
ciel pur et dans une atmosphère tranquille.
Lorsqu'ils jugeaient qu'elle était à craindre,
c'est-à-dire quand, le soir, les étoiles brillaient
d'un vif éclat et que l'air n'était pas agité, les
Indiens venaient brûler de la paille humide,
du fumier, afin de produire de la fumée.

Cette pratique, je l'ai trouvée décrite dans
les *Commentarios reales* de l'Inca Garcilasso de
la Vega, où il traite de l'origine de la race
royale du Pérou, de son idolâtrie, de ses lois,
de son gouvernement, en paix comme en guerre,
de ses conquêtes et de la vie de l'avant-dernier
des Incas, Inticusititucupanqui.

Garcilasso, fils d'un des *conquistadores* du
Pérou et d'une noble indienne, naquit dans la
cité impériale de Cusco. Dans son enfance, il
avait vu maintes fois les Indiens faire de la

fumée pour préserver les plantes de la gelée.

Voici le curieux passage des commentaires :

« Dans une solennité, le *Cusquieraimi*, on offrait un sacrifice au soleil, en le suppliant d'ordonner à la gelée de ne pas brûler le maïs. Lorsque, à la nuit tombante, le ciel était découvert, les Indiens, craignant alors la gelée, brûlaient du fumier, afin de produire de la fumée, et chacun d'eux en particulier s'efforçait de faire de la fumée dans son enclos, parce qu'ils disaient que la fumée empêche la gelée en remplissant, comme les nuages, l'office d'une couverture. Ce que je rapporte ici, je l'ai vu pratiquer dans le *Cusco*. Si les Indiens le pratiquent encore aujourd'hui, je n'en sais rien ; je n'ai jamais su non plus s'il est vrai que la fumée empêche la gelée, car alors j'étais trop jeune pour approfondir ce que j'ai vu faire aux Indiens. »

Il résulte de ce qui précède que le moyen de soustraire les cultures aux effets désastreux d'un abaissement subit de la température en troublant la diaphanéité d'une atmosphère stagnante, était connu dans le Nouveau Monde. Sous le règne des Incas, enfumer l'air dans des circonstances prévues, cela pour assurer les subsistances, était évidemment une mesure de salut public prescrite par un gouvernement paternel sans doute, quoique de forme essentiellement théocratique.

Tant que dura l'empire des *Fils du soleil*, quelque temps encore après sa chute, Garcilasso l'affirme, la prescription fut suivie; une impulsion acquise depuis des siècles ne s'arrête pas tout à coup; mais quoique éminemment utile, comme la mesure n'était plus obligatoire, on la négligea, puis on l'abandonna d'autant plus facilement que la race cuivrée des Cordillères est d'une nature trop apathique pour exécuter le moindre travail, quand elle n'y est pas contrainte par une autorité puissante devant laquelle elle se prosterne toujours.

La conquête renversa naturellement le culte des Incas. Il ne fut plus permis aux Indiens de conjurer les effets pernicieux du froid nocturne en offrant des sacrifices à leurs divinités: on cessa d'allumer des feux dans les champs, ce que l'on considérait sans doute comme une pratique idolâtre. On priait cependant, on faisait des rogations pour détourner une calamité sans cesse menaçante, mais les prières sans la fumée ne furent pas toujours efficaces.

C'est à Bogota que j'ai commencé une série d'observations pour constater le refroidissement occasionné par le rayonnement nocturne, à diverses altitudes.

Le 21 mai 1826, accompagné de mon ami Goudot, je me mis en route, à 11 heures du soir, pour la chapelle de Nuestra Señora de Guadalupe. La nuit était magnifique; la lune éclairait suffisamment pour gravir le sentier; à 1 heure du matin, nous arrivions à la chapelle élevée de 663 mètres au-dessus de la ville, par conséquent à une altitude absolue de 3 304 mètres.

Le plateau de Bogota était couvert de nuages blancs ne dépassant pas l'église d'Égypte. Nous ressentions un froid très vif. Le ciel était pur, à peine sentait-on un très léger vent d'Est.

Immédiatement après notre arrivée, je mis deux thermomètres bien comparés en expérience. L'un fut couché sur le gazon, l'autre fixé à l'extrémité de la lame de mon épée, à cinq pieds du sol, assez loin des murs de la chapelle, et

au-dessus d'un écran en tissu de paille de jipi-
capa.

Voici le détail des observations :

Heure.	Thermomètre.		Différence.
	sur l'herbe.	suspendu.	
2 h. m.	+ 2°	+ 6°,7	4°,7
3 h. m.	+ 1°,7	+ 6°,1	4°,6
5 h. m.	+ 0°,3	+ 5°,3	5°
6 h. m.	+ 0°	+ 5°	5°

Le thermomètre sur l'herbe était couvert de
glace (givre). Il y avait aussi du givre (rosée
gelée) sur une charpente posée sur le sol,
tandis que l'herbe était couverte de gouttes de
rosée.

L'abaissement de température dû au rayonnement n'a pas dépassé 5° : je m'attendais à le
trouver plus fort, à une aussi grande hauteur.
La faiblesse du refroidissement a peut-être tenu
à l'état hygrométrique de l'air.

Il paraîtrait en effet, par les observations que
j'ai recueillies dans diverses localités, que, dans
un air à peu près saturé de vapeur, le rayonnement est moins intense.

Pour marcher plus facilement, nous n'avions
pas emporté de manteau ; une fois sur la mon-

tagne, le froid nous saisit; nous n'avions qu'un moyen d'y échapper, c'était de faire de l'exercice, nous dansions continuellement dans l'intervalle des observations.

A la chapelle de la Guadalupe nous eûmes un beau spectacle à 5 heures du matin : le coucher de la lune derrière le pic neigeux de Tolima.

Nous descendîmes à Bogota en une heure.

VI

Le Libertador.

Simon Bolivar était un petit homme au-
dessous de la moyenne, portant une tête un peu
disproportionnée à sa taille, mais très éner-
gique, un regard vif, yeux bruns, cheveux noirs,
teint bistré, bras trop longs, membres grêles,
une grande vivacité dans les mouvements.

Le général était alors dans tout l'éclat de sa
renommée. Sa puissance était presque illimitée.
D'ordinaire toujours il portait un habit rappelant
l'uniforme que Napoléon affectionnait, celui des
grenadiers de la garde impériale. L'Empereur
était l'idéal de Bolivar. Avec les Français il en

parlait volontiers ; il en connaissait parfaitement l'histoire.

Je me rappelle que, dans une visite officielle que je lui faisais, j'avais un bâton de commandement — les officiers supérieurs portaient une canne — en écaille, ayant pour pommeau un buste de Napoléon. Bolivar, pendant toute la conversation, ne quitta pas ma canne des yeux, à ce point que je crus devoir la lui offrir. Je ne sais plus s'il l'accepta ; c'est probable, car, depuis lors, je n'ai plus eu mon bâton d'écaille.

Bolivar était expansif, bienveillant avec ses inférieurs, généreux à l'excès, vivant d'une manière très simple, sobre, mais aimant les femmes et recherché par le beau sexe, ainsi qu'il arrive aux hommes de pouvoir. Dans sa jeunesse, il avait été marié ; il resta veuf, sans enfants, et c'est peut-être à cette dernière circonstance qu'il dut de repousser toutes les ouvertures qui lui furent faites de le mettre sur le trône.

Quand les affaires politiques ne l'assombrissaient pas, il était fort gai, riait aux éclats. Il racontait très bien ; avec les intimes, il prenait un ton gouailleur peu agréable pour l'interlocuteur.

C'était cependant un esprit fin, un homme d'une bonne éducation, mais d'une grande susceptibilité et d'une rare vanité. Ses emportements étaient quelquefois grotesques et, partant, de mauvais ton; toutefois l'orage durait peu et, promptement, il reprenait possession de son aimable caractère.

Deux exemples, l'un de sa vivacité, l'autre de sa vanité.

Son bottier, ancien militaire français, tout en lui faisant essayer une paire de bottes, ne cessait de lui parler des campagnes de l'Empire, ajoutant cette ritournelle:

— Ah! c'était un général que ce Napoléon!

Ce qu'il répéta plusieurs fois, jusqu'à ce que Bolivar lui administra un coup de pied quelque part, en lui disant:

— Et moi, que suis-je donc?

J'arrivai un jour à Ibagué, pour remettre un pli au Libertador, qui revenait du Pérou, assez mal content. Il m'invita à dîner et, quoique je fusse le dernier en grade, il me fit asseoir près de lui. On était dans la maison du curé; Pepe Paris, l'ami intime du général, assistait au

repas. Bolivar, servant la soupe, dit en français
qu'il parlait fort correctement :

— Allons, Messieurs, à la gamelle !

La conversation fut des plus gaies. Alors,
voulant faire ma cour, je dis :

— Général, j'ai reçu de France un journal,
le Globe, où il y a un article dans lequel on fait
le plus grand éloge de Votre Excellence.

Puis, je me dis en moi-même : « Il va être
enchanté, le général. » Ah ! bien oui ! Voilà qu'il
prend une figure menaçante et, m'apostrophant
avec colère :

— Comment ! il y a, dans un journal venant
d'Europe, un article qui m'est favorable, et vous
ne l'avez pas traduit ? Sans doute si l'on m'eût
attaqué, si on eût critiqué mes actes, la traduc-
tion ne se serait pas fait attendre... Et il continua
sur ce ton. Je me dis en moi-même : « Bien fait !
cela t'apprendra à faire le courtisan ! »

Heureusement que Pepe Paris intervint pour
me tirer d'affaire, en disant :

— Général, on traduira l'article.

Ce fut un calmant qui opéra instantanément.

La puissance ne me garda pas rancune, car,
en prenant le café, Bolivar, s'approchant de moi,

me fit savoir qu'il voulait établir une école militaire à Bogota, où l'on donnerait aux jeunes
officiers une bonne instruction scientifique et
qu'il m'en attribuerait la direction. J'acceptai
avec reconnaissance, en ayant l'intention bien
arrêtée de ne pas me charger d'une mission
aussi difficile, et je fis bien. Je demandai et
obtins la permission de terminer mon exploration du volcan de Tolima, puis je ne revis plus
Bogota. J'étais très peu sensible aux honneurs
et décidé à retourner en France.

Lorsque le Libertador partit pour Bogota, il
sortit d'Ibagué suivi d'une cavalcade nombreuse.
Un certain docteur, homme des plus considérés
de la province, se tenait à côté du général, qui
l'accablait de questions :

— A qui ces pâturages ?

— A un tel, répondait le docteur.

— Et cette culture de canne à sucre, et ces
champs d'indigo, de froment, de maïs ?

— A un tel, à un tel, répliquait le docteur,
en indiquant, sans hésiter, le nom du proprié-
taire.

M'approchant de mon docteur si bien informé :

— Vous avez donc fait le cadastre du pays ?
lui dis-je.

— Moi, je ne connais personne. C'est que,
voyez-vous, quand un grand personnage vous
fait une question, on doit toujours y répondre
sans la moindre hésitation ; que cela vous serve
de leçon !

Lorsque nous sortions de la ville, l'école,
rangée le long de la rue principale, poussait
des acclamations effrénées, des : « Viva el Libertador ! » à n'en plus finir. Le général saluait en
souriant.

— Don Francisco, dis-je au maître d'école
qui était du cortège, vos élèves sont de chauds
patriotes !

— Eux, pas du tout. Vous n'avez donc pas
remarqué l'homme placé derrière pour leur
administrer des coups de fouet quand ils ne
crient pas assez fort ! Le moyen est infaillible ;
j'en use toutes les fois qu'il s'agit de faire une
démonstration, quand nous recevons la visite
d'un archevêque ou d'un gouverneur.

La cavalcade s'arrêta entre le Chipalo et le

Piedras. Ce fut le moment des adieux. Lorsque je m'approchai respectueusement de Bolivar pour lui faire un salut militaire, il me donna un *abrazo*, en me disant : « A bientôt ! »

Sa physionomie portait l'empreinte de la maladie; je savais que je ne le reverrais plus. Quelques mois après il succombait, ruiné par la phtisie.

Le Libertador avait beaucoup souffert. Il s'était usé par sa prodigieuse activité. Parvenu à l'apogée de la gloire qu'il ambitionnait, son nom devint populaire dans les deux mondes. Il avait soustrait l'Amérique méridionale à la domination espagnole. Possédant une grande fortune au début de sa carrière, il mourut pauvre; mais il avait eu quinze années d'illusions : c'est beaucoup dans le cours d'une existence.

Bolivar connaissait l'Europe. Il avait vécu à la cour d'Espagne, dans sa jeunesse, il s'était trouvé en relation avec des hommes éminents : je puis citer Gay-Lussac, Humboldt, de Buch, parmi les savants. En Amérique, malgré son pouvoir, lorsqu'il considérait son entourage, ce qu'on appelait son armée, son état-major, il ne pouvait s'empêcher de faire des comparaisons.

Ses succès contre les troupes espagnoles, ses proclamations emphatiques eurent, pendant un certain temps, un grand retentissement dans le monde libéral : elles émanaient d'un puissant dictateur. Le prestige fut immense, durant un moment ; mais, lorsqu'il regardait à côté de lui, il voyait le manque de ressources, même la pauvreté. Son palais était une bicoque, ses soldats déguenillés. Sa vanité en souffrait. Il n'eut jamais la force d'accepter sa véritable et glorieuse situation : un chef intelligent de guerrillas.

Vu à distance, il apparaissait entouré d'une auréole qui disparaissait à mesure qu'on approchait de sa personne. Il le savait et c'est pourquoi il éludait, autant qu'il dépendait de lui, le contact du monde diplomatique ; il préférait rester invisible. En voici une preuve :

Le gouvernement des Bourbons s'était constamment montré hostile à l'insurrection des colonies espagnoles. Cependant il fut entraîné par le mouvement qui s'accentuait chaque jour davantage, en faveur de l'indépendance améri-

caine; la reconnaissance des nouvelles Répu-
bliques par les États-Unis, l'Angleterre, la Hollande, les avantages qui en résultaient pour le
commerce de ces nations, déterminèrent la
France à envoyer un commissaire royal en
Colombie, en l'accréditant auprès du Libertador.

Le commissaire envoyé fut M. Besson,
accompagné du duc de Montebello. Il arriva à
Bogota alors que Bolivar se trouvait dans le
sud, à Quito, je crois, où M. Besson lui écrivit
en lui demandant la permission de se rendre au
quartier général, pour lui présenter les lettres
qui l'accréditaient.

La réponse se fit attendre. Puis Bolivar donna
à entendre qu'il allait arriver à Bogota. On
voyait clairement qu'il ne se souciait pas de
recevoir la visite du commissaire français.

Je voyais M. Besson et le duc de Montebello
chez le consul général de France, M. de Martigny. Les diplomates étaient piqués du peu
d'empressement que le Libertador mettait à
entrer en relation avec eux : ils n'y comprenaient rien. Le ministre les avait reçus avec la
plus grande déférence et le chef de l'État paraissait très peu soucieux de les recevoir.

J'eus la clef de l'énigme par Pepe Paris qui, n'ayant jamais accepté aucune position officielle, était resté l'ami intime, le confident de Bolivar, qui lui mandait, au sujet de l'incident, combien il lui serait pénible, humiliant, de recevoir, dans son triste et mesquin quartier général, des envoyés français dont un était le fils du maréchal Lannes, une des gloires du grand Empire. C'était, on le voit, un motif d'amour-propre.

Les commissaires repartirent pour l'Europe sans avoir obtenu une audience du Libertador, sans avoir été autorisés à se rendre auprès de lui, ainsi qu'ils l'avaient espéré.

J'avais rencontré, chez le duc de Montebello, un de mes condisciples au Lycée impérial ; nous avions été en sixième dans la classe du professeur Couenne, un ancien dragon, ayant eu une partie de la fesse droite emportée par un boulet. Le brave homme portait donc une fesse en coton, une sorte de pelote. Or c'était un usage, — fort humiliant d'ailleurs, — d'être mis à genoux près de la chaise du maître quand on avait commis une faute légère. Le patient, pendant que le professeur pérorait, se donnait l'amusement d'enfoncer des épingles dans la fesse-coton. Or il arriva qu'un élève puni, se trompant de côté, enfonça une épingle dans la vraie fesse. On juge de ce qui en arriva !

Le général Harisson.

Un vieux serviteur des États-Unis, ministre plénipotentiaire auprès du gouverneur de Colombie ; mouvements anguleux, éducation peu élevée. affectant des opinions démagogiques extrêmes. Il fut depuis, ou il avait été, je crois, président de l'Union. Dans les réunions les plus hautes, il portait la cravate noire. Par sa situation, il invitait à ses soirées les Américaines de la classe ouvrière, braves gens, au reste, et ayant bien meilleure façon que leur ambassadeur.

Dans un grand dîner donné, je crois, à l'occasion de la bataille de Boyaca, quelqu'un ayant porté un toast « à la mémoire de deux illustres libérateurs de l'Amérique, Bolivar et Washington ! » — il était de mise d'associer ces deux noms, malgré le peu de ressemblance dans le caractère de ceux qui le portaient, — le vieux général Harisson se fâcha et, agitant son verre,

ajouta assez grossièrement avec intention :
« Wasghington mort, vaut mieux que Bolivar
vivant. » La vérité est que la comparaison des
deux héros serait au désavantage de Bolivar.

La colonie anglo-américaine était très hostile
au Libertador ; à la suite d'une vive altercation,
le ministre des affaires étrangères invita Harisson à sortir de Bogota.

— Je n'en sortirai que par la force, répliqua le vieux général, — et il resta. Néanmoins,
à quelque temps de là, il fut rappelé par son
gouvernement.

M. Robinson.

Le pseudonyme d'un original, le Père Antonio, un moine franciscain de Caracas, qui fut
le précepteur de Bolivar.

Au commencement de la Révolution, il jeta
le froc aux orties et passa en Europe. On n'en
entendit plus parler : c'était un moine de moins,
pas davantage.

Un beau jour, Robinson apparut subitement
à Bogota, à la recherche de son ancien élève
qui, malheureusement pour lui, était à Lima.

Robinson, frisant la soixantaine, avait une jeune femme, jolie, très bonne enfant, une blanchisseuse de fin qu'il avait épousée à Paris. Elle avait apporté d'Europe un petit alambic pour fabriquer des liqueurs de table qu'elle colportait. C'est ce qui me procura l'occasion de faire sa connaissance et celle de son mari, un homme encore vert, à figure spirituelle, habit noir râpé, indiquant une demi-misère.

Robinson, ou si l'on veut le franciscain Antonio, possédait une haute instruction : il avait vécu en France, en Angleterre, en Russie, comme maître de langues.

Il y avait certainement chez lui un besoin de déplacement, cause de sa pauvreté. Il causait bien, et sur tous les sujets. Il s'était occupé des applications des sciences à l'industrie. J'aimais à le rencontrer et j'appris avec plaisir que Bolivar l'avait fait nommer commissaire des guerres, dans l'armée libératrice du Pérou.

Robinson partit pour Lima, avec sa femme et son alambic ; malheureusement la grisette parisienne contracta les fièvres en descendant la Magdalena et succomba à Carthagène.

Le Libertador accueillit son ancien professeur

avec bonté et, le voyant veuf, il le désigna pour
être évêque de Chiapa, en Bolivie. Des officiers
de mes amis, qui le rencontrèrent dans son
évêché, m'assurèrent qu'il était un excellent et
vénéré pasteur.

Le consul américain de Santa Marta assassiné dans mon lit, avec mon sabre.

Ce fut une sinistre aventure, à la suite de la
campagne des *llanos*, entreprise pour fixer la
position astronomique du Rio Meta, dans l'Orénoque.

J'arrivai mourant à Bogota. L'excellent colonel José Maria Lanz me fit installer dans une
pièce de la maison où il logeait chez la señora
de San Victorino Gertrudiz, rue de San Juan
de Dios, près la place, afin de me donner des
soins. Après mon rétablissement je conservai
mon logement d'une simplicité primitive ; quant
à l'ameublement, un lit dont la base consistait
en un cuir de bœuf, un mince matelas en laine
de mouton, une chaise, une table et, accroché
au mur, à portée de la main, mon sabre, hors
du fourreau.

J'étais en mission pour une quinzaine de jours, ayant à inspecter une poudrière, quand arriva à Bogota le consul américain.

Lanz l'engagea à occuper mon appartement pendant mon absence. Un matin, la señora Gertrudiz, ne le voyant pas sortir, conçut de l'inquiétude ; elle pénétra dans la chambre et quelle ne fut pas la frayeur de la pauvre dame en voyant le consul étendu sur mon lit, couvert de sang, la tête presque entièrement séparée du tronc... et mon sabre ensanglanté sur le plancher.

J'habitais au premier étage, peu élevé au-dessus d'un pré (*corral*) sur lequel donnait une fenêtre que l'on trouva ouverte. C'est par cette ouverture que le meurtrier s'était introduit dans ma chambre. Des empreintes de pas restées sur le sol attestaient son entrée et sa sortie.

On soupçonna d'abord un moine des Frères hospitaliers de San Juan de Dios, je ne sais pour quel motif ; puis on acquit la certitude que le consul avait été assassiné par un colonel, Pedro Grant, un Anglais au service de la Colombie, un de ces rebuts de la société, qui arrivent toujours, en tout pays, dans les temps de troubles politiques.

Pedro Grant était un bon soldat, mais d'une fort mauvaise réputation. Il fut jugé et condamné à mort par un conseil de guerre : il eut l'adresse de se sauver de prison.

A mon retour, tout était réparé : la lame de mon sabre bien fourbie, attachée à sa place accoutumée.

Une bataille contre les moines.

J'allais très souvent, et à la même heure, et pour cause, présenter mes hommages à une jolie dame demeurant Espaldas de San Augustin : je passais nécessairement devant le couvent de même nom.

J'avais remarqué qu'un jeune moine se tenait à une fenêtre et ne manquait jamais de cracher avec l'intention évidente de me destiner le projectile. Plusieurs fois il avait échoué ; mais enfin il arriva que le crachat de ce drôle tomba juste sur mon épaulette. On conçoit ma fureur. Je voulus entrer dans le couvent : le Frère portier m'en empêcha et barricada si bien sa porte que je dus me retirer.

Je portai plainte à l'autorité ecclésiastique

qui ne fit que sourire de mon accident, et au général commandant qui m'engagea à mépriser l'insulte d'un misérable moinillon.

J'eus tort de ne pas suivre son conseil. Mon excuse est que j'avais vingt-deux ans et que l'on parlait un peu trop du crachat que m'avait envoyé le disciple de saint Augustin.

Or, à quelque temps de là, sortant de chez mon ami Illingworth, rue de la Carrera, au moment où passaient devant la porte une douzaine de moines noirs et blancs, je tombai sur eux à coups de poing ; ils furent dispersés en un instant.

L'affaire fit du bruit, à ce point que je dus aller dans une *hacienda* à 10 lieues de Bogota pour donner aux susceptibilités cléricales le temps de se calmer.

Ce qui aggravait ma position, c'est que j'avais donné sur des moines qui n'appartenaient pas à l'ordre des Augustins.

C'est le seul désagrément que j'aie eu avec les religieux. J'ai toujours vécu avec eux dans les meilleurs termes ; j'aimais leur société et, dans mes expéditions, lorsqu'il m'était loisible de choisir mon logement, je prenais gîte dans un couvent ou chez un curé.

Un duel entre le consul général de Hollande et le commandant Miranda.

Il y avait un bal à la Présidence à l'occasion de la Saint-Simon, fête du Libertador ; la reine de la soirée était Mme Roulin, malgré ses vingt-huit ans. Ce rang était dû à l'élégance de sa toilette, à sa beauté, à son amabilité, à ses yeux verts, au magnifique turban posé sur des cheveux noirs, et à un jarret infatigable.

La reine était assise, causant avec ses admirateurs, quand le consul général de Hollande l'invita pour une valse. Mme Roulin laissa sur son fauteuil son éventail et un flacon d'odeur ; puis elle se lança dans le tourbillon. Elle valsait admirablement, pour une Bretonne.

Le siège étant vacant, le jeune commandant Miranda crut pouvoir l'occuper pendant la valse et, comme il était myope, en s'asseyant, il fit tomber le flacon d'odeur. Mme Roulin, reconduite à sa place par son valseur, manifesta un vif regret quand elle vit son flacon brisé ; Miranda s'excusa de son mieux, en promettant de réparer sa maladresse. L'incident eût été terminé, si le consul n'eût parlé en termes fort inconvenants au jeune commandant, qui répliqua.

Le lendemain matin, on dut se battre.

Le consul de Hollande commençait à grisonner. Petit, trapu, 45 ans au moins, marié, père de six enfants, il avait la réputation d'un duelliste, il servait dans la marine.

Miranda, chef d'escadron en Colombie, était un des fils du général Miranda qui avait servi dans les armées de la République française, et avait passé à l'ennemi avec Dumouriez. J'étais très lié avec le frère aîné du commandant. encore imberbe, car il n'avait pas plus de 20 ans.

On devait se battre au pistolet à quinze pas. Le rendez-vous fut la Capucineria, à un mille de la ville, précisément le couvent où l'on m'avait proposé de fabriquer de fausses reliques.

Les deux champions placés, le docteur Roulin et les témoins présents, le colonel Johnson, que nous nommions Abélard, parce qu'une balle l'avait privé de certaines parties essentielles, donna le signal en frappant trois fois dans ses mains. Les deux coups de feu furent simultanés.

Le consul tomba raide mort, le projectile lui était entré juste entre les deux yeux. Il y avait une veuve et six orphelins.

Miranda ne fut pas touché ; c'était la première fois qu'il allait sur le terrain. On laissa le malheureux consul aux soins du docteur et, montant à cheval, les témoins allèrent au loin chercher un asile, parce que, le duel étant défendu, il était prudent de se tenir à l'écart pendant quelque temps.

Le consul hollandais était un gai compagnon, un marin, jouant gros jeu, quand l'occasion s'en présentait, fort intéressé d'ailleurs ; on en jugera :

On faisait une partie *haut goût* chez M. Illingworth ; la table était couverte par les enjeux. A 11 heures du soir, il y eut un fort tremblement de terre. Tout le monde prit la fuite, le consul comme les autres ; mais il fut le seul qui ramassa son or avant de sortir du salon.

Le commandant Miranda eut aussi une triste fin. Six mois plus tard, son escadron de lanciers se révolta ; il fut massacré par ses soldats, des scélérats, presque tous *llaneros*. L'armée entrait dans la voie de l'indiscipline ; elle commençait à tuer ses officiers.

Le général Santander.

J'en ai conservé un souvenir peu agréable. Il était vice-président de la République, lorsque j'arrivai à Bogota. Un bel homme, figure intéressante, les yeux un peu obliques, dénotant du sang indien ; poli, instruit, très laborieux.

Il avait servi avec distinction durant la guerre de l'indépendance, dont il avait fait toutes les campagnes, tant dans les *llanos* que dans les Cordillères. C'était, dans toute l'acception du mot, un bon chef d'état-major. On lui contestait la bravoure, injustement peut-être. Ainsi on disait qu'au plus chaud de la bataille de Boyaca, pris d'une colique néphrétique, il fut obligé de se retirer dans une maison, d'où il sortit quand l'affaire fut terminée. Malgré la médisance, cette colique n'était pas simulée : il en souffrait d'ailleurs fréquemment; car, à sa mort, on trouva plusieurs calculs urinaires dans sa vessie.

Santander finit par conspirer contre Bolivar.

Il fut exilé. Il rentra en Amérique quand j'allais
m'embarquer pour New-York. Je déjeunai chez
lui à Santa Marta ; il me donna alors des nouvelles de mes amis de Paris, de Brongniart, de
Humboldt, d'Arago, etc.

VII

La chute de Tequendama (*El salto de Tequendama*). —
Histoire de Manuelita Saenz.

Le grès du plateau de la Cordillère Orientale
présente deux accidents de terrain que j'ai déjà
décrits : le *Trou de l'air*, près Belez, et le *pont
naturel* d'Icononzo entre Melgar et Pandi.

Il me reste à faire connaître l'incomparable
chute du rio Bogotá à Funzha des Muyscas, le
salto de Tequendama.

De la chapelle de Guadalupe, où la vue
embrasse toute la plaine de Bogotá, on
remarque, au sud-ouest, une colonne permanente de vapeur. Elle s'élève au-dessus de la
grande et admirable cascade de Tequendama,
située à trois lieues de la ville, un peu au sud
du *pueblo* de Soachá.

« La chute de Tequendama, dit de Humboldt,
doit son aspect imposant au rapport de sa hauteur et de la masse d'eau qui se précipite. Le
Rio Bogotá, après avoir arrosé le marais de
Funzha, couvert de belles plantes aquatiques,
se resserre et rentre dans son lit, près de
Canoas. En ce point il a encore 45 mètres de
largeur. A l'époque des grandes sécheresses, il
m'a paru, en supposant la rivière coupée par
un plan perpendiculaire, que la masse d'eau
présentait une section de 700 à 780 pieds carrés
(74 à 82,50 m. carrés). Le grand mur du
rocher dont la cascade baigne les parois et qui,
par sa blancheur, par la régularité de ses
couches horizontales, rappelle le calcaire juras-
sique, les reflets de la lumière brisée dans le
nuage de vapeur qui flotte sans cesse au-dessus
de la cataracte, la division à l'infini de cette
masse vaporeuse qui retombe en perles humides
et laisse derrière elle une sorte de queue,
comme les comètes, le bruit de la cascade, semblable au roulement du tonnerre et répété par
les échos des montagnes, l'obscurité du gouffre,
le contraste entre les chênes, qui rappellent en
haut la végétation du Nord et les formes tropi-

cales qui croissent au pied de la cascade, tout se
réunit pour donner à cette scène indescriptible
un caractère individuel et grandiose.

« Ce n'est que par les grandes eaux que le
Bogotá se précipite perpendiculairement et d'un
seul bond, sans être arrêté par les aspérités du
rocher. Lorsque, au contraire, les eaux sont
basses, et c'est l'état dans lequel je les ai vues,
le spectacle est plus animé.

« Il existe sur le rocher deux saillies : l'une à
10 mètres, l'autre à 60 mètres, qui produisent
une succession de cascades, au bas desquelles
tout se perd dans une mer d'écume et de
vapeur. »

On ne saurait rien ajouter, si ce n'est quelques détails, à cette page tracée par un des
grands peintres de la nature.

C'est effectivement près de la mine de Canoas
que le rio Bogotá perd sa placidité, en prenant
les allures d'un torrent. Il se dirige vers une
suite de collines limitant le plateau au sud-ouest
et où existe une sorte de brèche, un chenal,
ayant seulement 12 mètres d'ouverture, par
laquelle les eaux se précipitent.

Humboldt a fait cette remarque que si cette issue unique venait à être fermée, nul doute que, malgré l'évaporation, l'insignifiant marais de Funzha ne fût transformé en lac alpestre.

D'après des observations barométriques, le fond du chenal est de 183 mètres plus bas que le rio Bogotá, dans la plaine au *puente del Comun* [1].

Les bords de la rivière, dans la gorge de Tequendama, sont embellis par une plantureuse végétation arborescente : des *beffarias resinosas*, des *urcuas*, des *melastomas*, des *aralias*.

Le terrain est le grès, en couches peu épaisses et presque horizontales, comme au pont d'Icononzo, qui n'est qu'à 7 ou 8 lieues de distance et dont la fissure sur laquelle il est jeté n'est pas sans analogie avec l'abîme à parois verticales dans lequel tombe le Bogotá.

En suivant un étroit sentier, on parvient sans peine sur un emplacement horizontal un peu au-dessous du commencement et sur le côté occidental de la chute. On est sur un mur

1. Rivière au *puente del Comun*. . . 2 605 m.
    Haut du *salto* de Tequendama. . . 2 422 m.
    Différence . . . .   183 m.

de grès coupé à pic, au bord même du précipice.
Une cavité taillée dans le roc et dans laquelle
on entre jusqu'à la ceinture permet de regarder
sans danger la cascade sur toute sa hauteur.
Deux ou trois arbres venus sur ce terrain, et
auxquels on peut se tenir, donnent aussi une
sécurité suffisante pour regarder dans le gouffre.

J'ai connu une seule personne — j'aurai
occasion de la nommer — qui fut assez hardie
pour rester debout, sans soutien, au bord du
rocher sans éprouver de vertige.

Toutes les fois que je visitai le Tequendama,
ce fut dans une saison pluvieuse; il n'y avait
qu'une seule cascade. On distinguait la nappe
continue jusqu'à une certaine profondeur, où
elle commençait à se diviser, à se déchiqueter,
et vers le tiers de la chute on ne voyait plus
de liquide : on croyait assister à une avalanche
de flocons de neige.

Installé dans ma cavité, j'étais en extase,
fasciné. Pour moi la cascade parlait, menaçait,
rugissait, se disputait, avec des échos prolongés
et formidables. Par l'effet de l'agitation de l'air,
ces voix infernales se modifiaient en prenant
les plus singulières intonations. En deux occa-

sions, mes compagnons furent obligés de m'arracher à mon observatoire, où je me tenais penché, en quelque manière suspendu au-dessus du chaos.

Dans la position que j'occupais, très peu au-dessus du bief supérieur, on est mieux placé pour juger de l'effet de la cataracte qu'on ne le serait sur un point plus élevé. Là, je l'ai constaté, on ne voit qu'un épais brouillard, d'où sort un bruit formidable. C'est que, sur le Tequendama, il y a toujours cette haute colonne d'eau pulvérisée qu'on aperçoit, malgré la distance, des montagnes de Bogotá et qui retombe en gouttelettes d'une ténuité extrême. Aussi, quand le soleil atteint, au levant, l'altitude de 40° à 45°, il y a apparition d'arcs irisés concentriques.

Les tentatives faites pour arriver au pied de la cascade, en descendant dans la Quebrada de Povara, n'ont pas réussi; il n'a pas été possible de rencontrer une station d'où l'on pût en embrasser l'ensemble.

Humboldt, Boulin pensaient s'être approchés de 40 à 60 mètres du bas de la chute. Le courant d'eau était d'une telle violence qu'il fut impossible de le remonter. Les observations barométriques faites par ces voyageurs, comparées à celles faites au sommet, ont donné, pour la hauteur de la chute, les résultats les plus erronés.

Une pierre que je laissai tomber de l'endroit où je m'étais placé mit (moyenne) 5 secondes 7 pour atteindre le fond.

```
Caldas avait trouvé. . . . . . . . . . 6
Humboldt. . . . . . . . . . . . . . 6
```

La mesure de la profondeur par la chute de graves, dans les conditions où nous observions, ne saurait être exacte. L'unique résultat acceptable est celui obtenu par le baron Gros et Joaquin Acossa, au moyen d'un fil à plomb parfaitement installé. Ils ont eu, pour hauteur de la cascade, 146 mètres.

Par une singulière coïncidence, c'est précisément la hauteur de la plus élevée des pyramides d'Égypte.

Il y a loin de là à celle d'une lieue donnée par quelques touristes étrangers à la science. Ainsi que l'a dit Bouguer, avec l'autorité d'un homme ayant fait de la géodésie dans les Andes, on doit être très circonspect pour employer le mot lieue, quand il s'agit de hauteur.

Après sa chute, le Bogotá parcourt 20 à 25 kilomètres avant d'entrer dans le rio Magdalena.

Sur une saillie d'un rocher de Tequendama, on distingue, m'a-t-on assuré, une bouteille, et l'on affirme que c'est moi qui l'ai posée dans cet endroit évidemment inaccessible. J'ai eu beau me défendre de cette prouesse ou de cette adresse, on persiste à m'attribuer le miracle. C'est décidément *la bouteille du commandant don Juan*. C'est maintenant une légende.

La belle peinture du baron Gros, une excellente photographie en ma possession sont loin de donner une idée du phénomène qu'on admire à Tequendama. A ces reproductions d'une exactitude incontestable, il manque ce qui engendre l'émotion : la vitalité, le mouvement, je dirai même la parole. L'eau est immobile et muette.

Je n'avais jamais vu la cascade en temps de sécheresse, alors qu'elle tombe en deux ou trois bonds, aussi j'acceptai avec empressement l'invitation que me firent quelques amis de me joindre à eux pour une partie de plaisir à Tequendama.

On était en plein *verano* (temps sec). Le rendez-vous fut le matin à 8 heures, rue de la Carrera, devant la maison d'Illingworth.

A l'heure indiquée je me mis en route. J'aperçus de loin un groupe de cavaliers qui m'avaient devancé ; et, parmi eux, à ma grande surprise, un officier supérieur. Or nous devions tous être en bourgeois, c'était convenu. Lorsque je m'approchai pour saluer ce colonel, il manœuvra de manière à cacher sa figure. Il en résulta, pendant un instant, une scène d'équitation assez bizarre, puis me regardant en éclatant de rire, je vis que l'officier était une femme, très jolie, malgré ses énormes moustaches, Manuelita, la maîtresse en titre de Bolivar.

On se dirigea vers Soachà, accompagné d'un mulet chargé de comestibles et de vins. Le temps était splendide, une de ces matinées vivifiantes comme on n'en voit que sur les plateaux tempérés des Cordillères. Les chevaux piaffaient, rongeaient leurs freins, quand on les lança. Il y eut alors un galop satanique (et dire que j'ai couru comme ça) ! Nous approchions de la *loma* de Canoas, lorsque le colonel Manuelita fit une chute qui nous effraya. Il ou Elle fut désarçonné et alla tomber à six pas de son cheval. Étourdie du coup, elle resta sans mouvement. Heureusement que le docteur Cheyme, un bel Écossais, était des nôtres ; on déboutonna l'uniforme de colonel et je dis au docteur :

— Faites une exploration ; vous connaissez les êtres !

— Mauvaise langue, repartit Manuelita.

L'examen terminé, il en résulta qu'il n'y avait rien de grave : une très légère luxation à l'épaule gauche. La colonelle, à laquelle j'avais enlevé ses moustaches, se mit en selle sans difficulté et, en allant au pas, nous arrivâmes à Canoas, où nous laissâmes nos chevaux pour prendre l'étroit sentier qui aboutit à l'emplacement où l'on voit la cascade.

Ici s'éleva une sérieuse discussion.

Je proposai d'admirer d'abord la chute d'eau et de déjeuner ensuite. Illingworth me soutenait, mais la colonelle se prononça pour le déjeuner immédiat et aussitôt une nappe mise sur le gazon fut couverte des mets les plus délicats, des vins les plus exquis, parmi lesquels dominait le champagne.

La route avait développé les appétits. On dé-

vora ; on but outre mesure. La colonelle était
d'une gaîté folle et communicative. Je me disais
en moi-même, pour ne pas attrister la réunion :
Nous sommes huit ; il est bien à craindre qu'il
y en ait au moins un qui soit précipité dans le
gouffre.

Un missionnaire anglais improvisait des vers
insensés sur l'enfer et le paradis, la fin du
monde ; deux Irlandais, pleins et archipleins,
s'endormirent et se mirent à ronfler comme
pour insulter la belle nature ; je les considérais,
quand je vis Manuelita debout, au bord du précipice, et faisant des gestes impossibles. Ce
qu'elle disait, le fracas du Tequendama empêchait de l'entendre. Aussitôt je m'élançai vers
elle et, la saisissant au collet, je voulus la placer
dans mon observatoire. Impossible ; la lutte devenait périlleuse, je me glissai dans la cavité
d'où je pris fortement sa cuisse, tandis que le
docteur Cheyme, comprenant le danger que
courait la femme folle et passablement avinée,
s'attacha à un fort arbre, pendant qu'il en-
roulait sur son bras gauche les longues et magnifiques tresses de l'imprudente qui semblait
décidée à sauter dans l'espace.

Nous passâmes ainsi, Cheyme et moi, un terrible quart d'heure ; enfin, les amis intervenant, on mit la jeune femme en lieu de sûreté.

Une fois réunis, on songea à retourner ; les deux Irlandais ronflaient toujours ; je leur versai de l'eau dans le dos, ils se réveillèrent en sursaut, croyant être envahis par la cascade. Avant de partir, on lança les bouteilles vides dans le Tequendama ; une d'elles peut-être tomba sur une saillie de roche assez capitonnée de mousse pour ne pas être brisée : serait-ce là l'origine de la légende de « la bouteille du commandant don Juan » ?

On regagna Bogota au trot, paisiblement, bien fatigués ; au coucher du soleil nous entrions dans la ville.

Le soir les excursionnistes de Tequendama étaient réunis dans les salons de Manuelita, fraîche, coiffée avec des fleurs naturelles. Elle fut charmante, aimable avec chacun ; parlant du Salto avec enthousiasme. « Nous y retournerons, disait-elle, et bientôt. »

Quelle étonnante personne que Manuelita ! Que de faiblesses, de légèreté, de courage, de dévouement !

On pourrait dire d'elle : un ami sûr ; une maîtresse infidèle.

Je veux essayer de tracer, au courant de la plume, ce que je puis raconter de sa vie excentrique. Les plus singulières informations, je les tiens d'elle-même, ou de ses intimes. Elle ne cherchait jamais à pallier la légèreté de sa conduite. Nous étions des confesseurs et nous l'adorions. Quant à Bolivar, il en était idolâtre et jaloux à l'excès.

Manuelita Saenz.

Manuelita n'avouait pas son âge.

Quand je l'ai connue, elle paraissait avoir vingt-neuf à trente ans ; elle était alors dans tout l'éclat de sa beauté irrégulière : belle femme, léger embonpoint, yeux bruns, regard indécis, teint rose fond blanc ; cheveux noirs.

Quant à sa prestance, rien de plus insaisissable : c'était tantôt celle d'une grande dame, tantôt celle d'une *napanya* (grisette) ; elle dansait, avec un égal succès, le menuet ou la *cachucha* (cancan).

Sa conversation n'offrait aucun intérêt quand

elle sortait des fioritures galantes ; du penchant à la moquerie, mais sans esprit. Elle zozotait légèrement, avec intention, ainsi qu'il arrive aux dames de l'Équateur. Elle possédait un charme secret pour se faire adorer. Le docteur Cheyme disait d'elle : « C'est une femme d'une singulière conformation ! » Je n'ai pu lui faire expliquer comment elle était conformée.

Manuelita Saenz naquit à Quito, au commencement du siècle, où son père faisait un commerce important avec l'Espagne. Dans sa première jeunesse, elle l'accompagnait dans ses voyages sur la côte du Pérou, de Guayaquil à Lima, où pendant une courte période elle devait être une sorte de reine.

A dix-sept ans elle entra dans un couvent, à titre de pensionnaire, elle y apprit à faire ces ouvrages à l'aiguille, ces broderies en or et en argent qui sont un objet d'étonnement pour les étrangers, puis la confection des glaces, des sorbets et des confitures.

Les religieuses apprenaient à leurs élèves à lire et à écrire : c'est tout ce que sait une jeune fille de bonne maison. Les dames sud-améri-

caines, grâce à leur vivacité et leurs perfec-
tions naturelles, n'en sont pas moins des femmes
agréables. Quant à l'instruction, elles en sont
absolument privées. De mon temps, elles ne
lisaient jamais — pas même de mauvais livres;
sans doute il y avait de rares exceptions.

Manuelita Saenz fut enlevée du couvent par
un jeune officier, Delhuyart, fils du chimiste
auquel on doit la découverte du tungstène.
Delhuyart père était entré au service de l'Espagne
comme ingénieur, et avait été envoyé en Amérique. Manuelita ne parlait jamais de sa fugue
du couvent. Fut-elle abandonnée par son ravis-
seur et réintégrée dans sa famille? C'est ce que
j'ignore.

On la retrouve à Lima, vers le commencement de l'invasion des troupes libératrices du
Pérou, commandées par Bolivar.

Elle était alors mariée à un médecin anglais
fort respectable, qu'elle quitta pour vivre avec
le Libertador, alors dans toute sa gloire, dans
toute sa puissance dictatoriale.

La conduite du Libertador fut universellement

blâmée. Le mari réclamait sa femme dans les termes les plus vifs : on n'en tint aucun compte. Si je ne me trompe, il reçut l'ordre de sortir du Pérou.

Toutefois l'opinion publique se prononça tellement contre cet abus de pouvoir que Bolivar se décida à envoyer Manuelita dans la Nouvelle-Grenade, à Bogota, où je l'ai connue.

À Lima, Manuelita avait été d'une inconséquence étonnante. Elle devint une Messaline. Les aides de camp m'ont raconté des choses incroyables, et que le général Bolivar seul ignorait. Les amants, quand ils sont bien épris, sont aussi aveugles que les maris.

Un soir, à onze heures, Manuelita se rendait au Palais, chez le Libertador, qui l'attendait avec impatience. Elle imagina de passer par le corps de garde, où se trouvait un piquet commandé par un jeune lieutenant. La folle commença à plaisanter avec les soldats... tous, y compris le tambour. Bientôt le général fut le plus heureux des hommes.

C'était généralement la nuit que Manuelita allait chez le général. Elle y arriva une fois qu'elle n'était pas attendue. Ne voilà-t-il pas qu'elle trouve dans le lit de Bolivar une magnifique boucle d'oreille en diamants!

Il y eut alors une scène indescriptible; Manuelita, furieuse, voulait absolument arracher les yeux au Libertador. C'était alors une vigoureuse femme; elle étreignit si bien son infidèle que le triste grand homme fut obligé de crier au secours. Deux aides de camp eurent toutes les peines du monde à le débarrasser de la tigresse. Quant à Bolivar, il ne cessait de lui dire : « Manuelita, *tu te pierdes* (tu te perds). »

Les ongles (de très jolis ongles) avaient fait de telles égratignures sur la face du malheureux que pendant huit jours il dut garder la chambre, à cause d'une grippe, comme on disait à l'état-major. Mais, durant les huit jours, l'égratigné reçut les soins les plus empressés, les plus touchants de sa chère chatte.

Manuelita avait fini par faire croire au général tout ce qu'elle voulait. On en jugera.

Dans le cours d'une conversation intime avec ses officiers, Bolivar fut amené à soutenir que jamais il n'avait pu constater que Manuelita satisfît à certains besoins que ressent l'humanité.

Comme on se récria, il ajouta qu'il avait la preuve de ce qu'il avançait. Durant une navigation sur l'océan Pacifique, Manuelita consentit à se laisser enfermer dans une cabine que l'on surveillait avec attention. Un factionnaire restait en permanence à la porte; l'observation dura huit jours pendant lesquels la prisonnière ne fit aucune émission.

On aurait pu faire remarquer qu'il arrive assez souvent à des personnes embarquées d'être empêchées d'aller à la garde-robe pendant huit, dix et quinze jours; c'est un fait connu des marins; mais j'aime mieux admettre que Manuelita usa de supercherie. Or il faut savoir qu'elle ne se séparait jamais d'une jeune esclave, une mulâtresse aux cheveux laineux, belle femme, toujours vêtue en soldat, excepté dans les circonstances que j'aurai à raconter. C'était véritablement l'ombre de sa maîtresse; peut-être aussi, mais c'est là une supposition, l'amante de sa maîtresse, conformément à un vice commun au Pérou. Du vice j'en ai été témoin oculaire; avec quelques camarades, nous nous étions cotisés pour assister à la cérémonie impure mais très divertissante d'une tertullia.

D'ailleurs nous n'affichions pas une moralité
très sévère. La mulâtresse ne tenait pas à passer
pour un ange; enfermée avec Manuelita dans
la cabine, elle avait ses sorties et ses entrées
libres. On devine le reste.

Bolivar était devenu le Libérateur du Pérou.
La bataille d'Ayacucho, gagnée par Sucre, avait
anéanti les forces espagnoles; Sucre, nommé
grand maréchal d'Ayacucho, fut nommé président à vie du nouvel État fondé dans le haut
Pérou (Bolivie).

Bolivar, au comble de la gloire, devait voir
arriver, c'est dans l'ordre naturel, l'époque des
déceptions. L'exécution du comte de Torresagby,
accusé d'avoir conspiré en faveur de la mère
patrie, amena un revirement dans les sentiments
de la population péruvienne à l'égard de
l'armée colombienne. Les dames de Lima cor-
rompaient les officiers *libertadores*.

L'oisiveté, chez les troupes mal disciplinées,
fait naître l'insurrection. Plusieurs escadrons
se révoltèrent contre l'autorité de Sucre. A
Lima, toute une division s'insurgea. Les chefs
furent mis en prison par leurs soldats. En un

mot, à peine Bolivar fut-il parti, qu'une armée
péruvienne se leva contre l'armée colombienne
libératrice ; des guerillas s'organisèrent dans
l'Équateur, dans la province de Pasto.

Le Libertador avait prévu ces mouvements.
Décidé à retourner à Bogota, avant qu'ils écla-
tassent, il expédia sa chère Manuelita à l'Équateur. Débarquée à Guayaquil, elle en partit avec
une escorte de quatre *granaderos*, qu'elle choisit
parmi les plus beaux hommes de l'escadron.
Elle marcha, à courtes journées, sans autre ser-
vante que sa mulâtresse; en cinq jours elle
arriva à Quito. Une indiscrétion du brigadier fit
connaître les incidents érotiques de la route.

Après avoir passé quelque temps dans sa famille, elle dut se rendre dans la Nouvelle-Grenade, sous la conduite de mon ami le colonel
Demarquet. L'orage politique grondait au Sud ;
Demarquet a toujours affirmé qu'il avait été un
conducteur platonique.

Manuelita s'établit à Bogota, dans une charmante résidence, recevant presque chaque jour
des nouvelles de son ami que les circonstances
retenaient au Pérou.

C'est à Bogota que j'ai connu Manuelita, dont

j'ai à raconter les excentricités et, je dois ajouter, le dévouement et le courage.

Manuelita était toujours visible. Dans la ma-
tinée, elle portait un négligé qui n'était pas sans
attraits. Ses bras étaient nus; elle se gardait
bien de les dissimuler; elle brodait, en montrant les plus jolis doigts du monde, causait
peu, fumait avec grâce; sa tenue était modeste.
Elle donnait et accueillait les nouvelles.

Dans la journée elle sortait, vêtue en officier.

Le soir Manuelita se trouvait métamorphosée ;
elle éprouvait, je crois, l'influence de quelques
verres de vin d'Oporto qu'elle affectionnait; elle
mettait certainement du rouge. Ses cheveux
étaient artistement arrangés. Elle avait beaucoup d'entrain, était gaie, sans esprit, se servant
parfois d'expressions passablement risquées.

Comme toutes les favorites des hauts person-
nages politiques, elle attirait les courtisans. Son
obligeance, sa générosité étaient d'ailleurs iné-
puisables.

Imprudente à l'excès, elle commettait les actes
les plus blâmables pour le seul plaisir de les
commettre. Un jour, chevauchant dans les rues

de Bogota, elle aperçoit un soldat portant le mot d'ordre enfermé dans un billet placé comme de coutume à l'extrémité de son fusil ; s'élancer au galop sur le pauvre fantassin, lui enlever en passant le billet, fut l'affaire d'un instant. Le soldat fait feu sur elle ; puis elle revient sur ses pas remettre le mot d'ordre. Un acte de folie.

Manuelita adorait les animaux ; elle possédait un ourson insupportable qui avait le privilège de circuler dans toute la maison. La vilaine bête aimait à jouer avec les visiteurs. Si on la caressait, elle vous égratignait terriblement les mains, ou se cramponnait aux jambes : il était difficile de s'en dépêtrer.

Un matin je fis une visite à Manuelita. Comme elle n'était pas encore levée, je dus entrer dans la chambre à coucher ; je vis alors une scène effrayante : l'ourson était étendu sur sa maîtresse, ses horribles griffes posées sur ses seins. Me voyant entrer, Manuelita me dit avec un grand calme :

— Don Juan, allez à la cuisine et apportez une jatte de lait que vous placerez au pied du lit : ce diable d'ours ne veut pas me laisser.

Le lait arriva. L'animal quitta lentement sa

victime et descendit pour boire; après quoi, ayant appelé un homme, nous enchaînâmes l'ourson, que l'on porta dans la cour malgré ses grognements. Quelques jours après, je le fis fusiller. Ce fut un Anglais, Coxe, qui l'exécuta.

— Voyez, disait Manuelita, en me montrant sa gorge; je ne suis pas blessée.

On racontait des scènes incroyables qui se passaient chez Manuelita, et dans lesquelles la mulâtresse-soldat jouait le rôle principal.

Cette mulâtresse, l'*alter ego* de Manuelita, était un être singulier, une comédienne, une mime de première force, qui aurait eu un grand succès au théâtre. Elle avait une faculté d'imitation étonnante. Sa figure était impassible; comme acteur ou actrice, elle exposait les choses les plus plaisantes avec un sérieux imperturbable. Je l'ai entendue contrefaire un moine prêchant la Passion; rien de plus risible : pendant près d'une heure, elle nous tint sous le charme de son éloquence, le geste, les intonations de voix étaient exactement rendus.

On assurait, mais je suis convaincu qu'il n'en était rien, que, dans une scène de la Passion, on crucifia un singe. La vérité est qu'il y avait une tendance à se moquer des choses sacrées, tendance fort imprudente et malséante.

Ces spectacles n'avaient lieu que dans les réunions intimes. Ainsi la mulâtresse prenant les habits de son sexe, le costume des *napangas* de Quito, exécutait les danses les plus lascives, à notre grande satisfaction ; entre autres un pas, dont j'ai oublié le nom. La danseuse tournait sur elle-même avec une grande rapidité, puis s'arrêtant et se baissant, son jupon gonflé d'air faisait ce que les enfants appellent un *fromage*, puis elle continuait de se baisser jusqu'à terre ; alors, se relevant, elle s'éloignait en pirouettant : mais là où elle s'était affaissée, on reconnaissait qu'il y avait eu contact avec le plancher. De là des applaudissements unanimes : c'était d'une obscénité révoltante.

Bientôt la danseuse revenait, vêtue de son costume militaire, aussi sérieuse que si elle n'eût pas donné cette scandaleuse représentation.

On n'a jamais connu d'amour à la mulâtresse. Je crois qu'elle n'a jamais aimé d'amour que Manuelita. Quant à la favorite. je ne lui ai connu à Bogota que deux amoureux ostensibles : le docteur Cheyme et un jeune Anglais, Wills. Pas davantage !

Et ce cher Libertador écrivait à mon ami Illingworth de la bien surveiller, de lui donner des conseils.

Manuelita poussait l'excentricité jusqu'à la folie. Me rendant de Bogota à la vallée de la Magdalena, j'arrivai le soir à Guaduas; le colonel Acosta, chez lequel je mis pied à terre, vint à moi en pleurant, me disant que Manuelita se mourait, qu'elle s'était fait mordre par un serpent des plus venimeux. Était-ce un suicide, voulait-elle mourir à la façon de Cléopâtre ? Je me rendis chez elle, où je la trouvai étendue sur un canapé, le bras droit pendant et enflé jusqu'à l'épaule. Qu'elle était belle. Manuelita, en m'expliquant qu'elle avait voulu constater si le venin du serpent qu'elle me montra était aussi sensible qu'on l'assurait !

Immédiatement après la morsure, on fit prendre à la blessée des boissons chaudes alcooliques. C'est le remède employé par les gens du pays. Je prescrivis du punch en me fondant sur cette opinion accréditée dans l'Amérique du Sud que l'état d'ivresse empêche l'action du poison:

puis on mit des cataplasmes sur le bras. Manuelita s'endormit, et le lendemain elle était gué-
rie. Je la quittai, avec la persuasion qu'elle
avait attenté à ses jours. Pourquoi?

C'était bien la plus singulière des femmes
légères que cette excellente Manuelita! Un soir
je vais chez elle pour prendre une lettre de
recommandation qu'elle m'avait promise. Cette
lettre était adressée à son frère, le général Saenz
résidant à l'Équateur, où je devais me rendre.
Elle sortait de table et me reçut dans un petit
salon. Dans la conversation elle vanta l'adresse
de ses compatriotes *quitanas* pour la broderie,
et, comme preuve, elle voulut me montrer une
chemise artistement travaillée. Alors, sans plus
de façon et le plus naturellement du monde,
elle prit la chemise qu'elle portait par le bas et
la haussa, de manière à ce que je pusse examiner l'ouvrage vraiment remarquable de ses
amies. Je fus obligé de voir autre chose que le
tissu brodé!

— Regardez donc, don Juan, comme cela est
fait!

— Mais fait au tour! répondis-je en faisant
allusion à ses jambes!

La situation devenait embarrassante pour ma pudeur, quand je fus tiré du péril par l'entrée de Wills, auquel elle dit, sans se déconcerter : « Je montre à don Juan des broderies de Quito. »

Arago, en rapportant cette histoire au général Baudrand, aide de camp de Louis-Philippe, avec lequel nous dinions chez Poncelet, ajouta : « On n'invente pas cela ! » Peut-être voulait-il dire que la preuve de la véracité se trouvait dans l'énormité du fait.

Manuelita abhorrait le mariage et cependant elle était prise de la manie de marier les gens en ayant l'air de leur dire : « L'hymen n'engage à rien, c'est une passion de plaisir ! »

C'est surtout moi qu'elle désignait comme sa victime. Il faut savoir qu'alors, dans l'Amérique espagnole, le mariage était un acte purement religieux. Il suffisait qu'en présence d'un prêtre les futurs déclarassent qu'ils désiraient être unis. Ils recevaient la bénédiction, et c'était fini. On se mariait partout : dans la rue, dans un bal. Plusieurs de mes camarades ont été mariés ainsi entre deux verres de punch, entre autres le colonel Demarquet, qui s'en est mordu les doigts, bien que sa femme fût belle, charmante et d'une famille très honorable.

Or un soir, il y avait tertullia chez Pepe Paris, celui qui devint si riche en exploitant les mines d'émeraudes. Sa fille était une délicieuse personne très petite de taille, $1^m,50$ de hauteur. Il y avait affinité entre elle et moi ; c'est certain ! Manuelita faisait partie de la réunion ; minuit allait sonner ; la société se trouvait tant soit peu surexcitée, quand un ami, un Anglais, vint me dire à l'oreille : « Don Juan, méfiez-vous ; il y a un curé qui va faire son apparition ! »

Alors, sans qu'on s'en aperçût, je fis une prudente retraite.

A quelques jours de là, me trouvant avec ma fiancée Manuelita, — précisément le même nom que celui de la favorite, — je lui posai nettement la question de mariage, à la condition qu'elle se déciderait à vivre en Europe. Manuelita consentait à faire un séjour en France ; mais elle me déclara franchement qu'elle ne voulait pas s'y fixer.

Je la quittai, après lui avoir baisé sa miniature de main ; mon brosseur m'attendait à la porte de la maison. Je sautai à cheval et partis pour la Magdalena. Je ne revis plus la petite et gracieuse Manuelita Paris.

Je laisse les excentricités, les inconséquences je puis dire les actes de folie de l'autre Manuelita, pour montrer le courage, le dévouement dont elle était capable.

De la bravoure militaire, elle en avait donné maintes preuves ; elle assistait, la lance à la main, et je ne sais trop comment, avec le général Sucre à la dernière affaire qui eut lieu entre Américains et Espagnols, la bataille d'Ayacucho ; elle recueillit comme trophée ces superbes moustaches dont elle se fit faire des postiches.

On dira : il y avait là de l'entraînement. Sans doute ; mais Manuelita, on va le voir, était douée d'un grand courage et possédait un calme, un sang-froid étonnant, dans les circonstances les plus périlleuses.

A peine le général Bolivar eut-il quitté le Pérou que, dans son illusion, il croyait pacifié, organisé, que des mouvements insurrectionnels éclatèrent depuis la Bolivie jusqu'à Lima.

La troisième division auxiliaire s'insurgea contre ses chefs et se mit sous les ordres de généraux péruviens qui surgissaient comme des champignons, héros d'un jour, disparaissant le lendemain.

C'est d'ailleurs un fait, en histoire, qu'on acclame d'abord et qu'on déteste bientôt les libérateurs. La reconnaissance, la gratitude n'existent pas en politique. La raison en est simple : un peuple qui ne conquiert pas lui-même sa liberté reste à la merci de ceux qui l'ont délivré. Que pouvait-on attendre, au Pérou, de l'armée libératrice, soldatesque indisciplinée, corrompue ?

Durant une année, 1827 à 1828, ce ne furent que des révolutions locales, depuis Guayaquil jusqu'à Caracas. Bolivar récoltait ce qu'il avait semé. On ne fonde rien avec le militarisme, si ce n'est l'oppression. Jamais, quoi qu'on ait dit, cet homme éminent ou plutôt persévérant ne songea à organiser le pays. Il en était incapable. Il ne comprit pas qu'après l'expulsion de l'armée espagnole sa mission était remplie, qu'il devait se retirer et laisser à d'autres le soin d'établir un gouvernement civil.

Les classes inférieures restaient comme toujours indifférentes à toutes les agitations ; seulement elles en souffraient ; on les ruinait par

des exactions incessantes. Mais il s'était formé,
dans ce qu'on pourrait nommer les classes pen-
santes, sinon éclairées, une vive réaction contre
le gouvernement militaire, sous lequel on vivait depuis bientôt quinze ans; Venézuéla, la
Nouvelle-Grenade, l'Équateur, unis dans une
cause commune : la séparation des colonies espagnoles de la mère patrie, voulaient se con-
stituer en États distincts. Un gouvernement
central ne pouvait, sans difficulté, administrer
une étendue de pays aussi considérable.

L'époque de la revision de la constitution de
Cucuto arriva, conformément à la loi. La Con-
vention se réunit à Ocana; mais elle fut aussitôt détruite par le parti militaire.

Un congrès, improvisé à Bogota, proclama
Bolivar dictateur suprême. Naturellement, de
tous les points du territoire arrivèrent des ad-
hésions.

Le Dictateur monta au pouvoir le 24 juin
1828; il édicta quelques mesures financières
qui n'aboutirent pas : les caisses de l'État
étaient vides; il plut des décrets, des proclamations, des déclarations patriotiques. Malgré
les adresses approbatives des populations, on

ne pouvait méconnaître qu'il se manifestait partout une sorte de fermentation silencieuse contre ce qu'on appelait, non sans raison, le despotisme de Bolivar. Guayaquil, Quito, Caracas n'obéissaient plus aux ordres émanant de Bogota ; en fait le gouvernement central n'existait plus.

Des partisans s'étaient levés en faveur de l'Espagne, sur la côte, dans les steppes de Vénézuela, dans la province de *los Pastos*. On était, malgré les assurances officielles, dans la plus complète anarchie ; à Bogota, le parti monarchique conspirait activement ; des réunions nocturnes avaient lieu régulièrement chez les hommes les plus avancés ; on ne s'en cachait guère, la police était instruite et n'agissait pas ; c'est que, il faut le dire, on craignait les conspirateurs : et, après tout, ils conspiraient en faveur de la liberté. C'était là leur excuse et leur force ; quoique, en réalité, chez beaucoup d'entre eux, il y eût plus d'ambition que de patriotisme.

La société la plus active était celle des jeunes gens qui se réunissaient pour étudier ; plusieurs étaient des professeurs ou des élèves du collège de San Bartolomeo : son but secret était de ren-

voyer le gouvernement du Libertador. On a su,
depuis, qu'elle était dirigée par un Français très
âgé, Agassil, un des sans-culottes de Marseille
en 1793; par un autre Français très exalté, Au-
guste Horment, et par un officier du Vénézuela,
le commandant Pedro Carujo.

La société avait d'abord décidé que la conspiration éclaterait le 28 octobre, dans une fête
que l'on devait donner à Bolivar, pour célébrer
la Saint-Simon. Diverses circonstances ne per-
mirent pas d'agir.

Les sociétés secrètes sont généralement tra-
hies par l'imprudence des affiliés: c'est ce qui
arriva le 25 septembre. Un officier, Francisco
Salazar, informa la police qu'un Benedicto Triano
lui avait proposé d'entrer dans une conspiration ayant pour but de tuer le Libertador.
Triano fut immédiatement arrêté, interrogé. On
ne trouva rien de compromettant; on ne prit
aucune mesure.

Cependant les conjurés, se croyant décou-
verts, se réunirent le soir, chez un des leurs,
Louis Vargas Texada; on convint d'agir sans retard; les rôles furent distribués. On comptait
sur le chef de l'état-major, Ramon Guerra, sur

le commandant des batteries d'artillerie, Rude-
cindo Silva, sur plusieurs officiers et quelques
étudiants. Les commandants Carujo, Horment,
Zulaivar, le lieutenant Lopez furent chargés
d'attaquer le palais et de tuer le Libertador.

A minuit, à la tête d'un piquet d'artilleurs,
suivi de conjurés, Carujo surprend l'officier de
garde ; on égorge des sentinelles, et on pénètre
dans l'intérieur du Palais, après avoir fait prisonniers les hommes de service. Un jeune aide
de camp, Harra, essaya de barrer le chemin ; il
fut renversé, après avoir reçu une blessure
grave. Bolivar habitait un entresol. Les conjurés veulent y pénétrer ; ils frappent à coups
redoublés ; ils allaient enfoncer la porte quand
Manuelita apparut.

— Que voulez-vous ! leur dit-elle avec un
grand calme.

— Bolivar !

— Il n'y est pas. Cherchez.

On chercha en vain. C'est que, au bruit qu'elle
avait entendu, Manuelita devina une conspiration. Aussitôt, à l'aide d'un drap attaché à une
fenêtre donnant sur la rue, elle avait fait évader

le Libertador. On juge quel fut l'étonnement des
conjurés.

— Mais où est le général?

— Il est couché.

— Conduis-nous où il est.

— Oui, répondit Manuelita, mais à une condition, c'est que vous ne le tuerez pas !

— Nous le promettons.

— Alors, suivez-moi.

Manuelita, marchant en tête de ces hommes
furieux jusqu'à la démence, leur fit parcourir
tous les étages du palais : on monta, on descendit, on revint enfin au point de départ. L'impatience des conjurés était extrême : quand Manuelita, se tournant vers cette horde furieuse,
leur dit :

— J'ai employé un stratagème pour gagner
du temps. A présent, Bolivar est hors de danger.

Puis, croisant ses bras sur sa poitrine, elle
ajouta : « Je l'ai fait s'échapper par cette fenêtre. A présent, tuez-moi. »

On la renversa, on la maltraita; un des con-
pirateurs lui frappa la tête avec sa botte; dix
poignards furent levés sur elle qui ne cessait de
leur crier :

— Mais tuez-moi donc, lâches, tuez donc une femme !

Longtemps après, on voyait encore sur le front de Manuelita l'empreinte du coup qu'on lui avait porté.

Les conspirateurs sortirent du palais, désespérés de ce que leur victime leur avait échappé, en criant : « Le tyran est mort ! »

Comme ils sortaient, ils rencontrèrent le colonel Ferguson, aide de camp de service qui se rendait à son poste : Carujo le tue d'un coup de pistolet.

Le *tyran*, une fois dans la rue, courut se cacher dans les plis de terrain où coule le ruisseau, pendant que se terminait le drame qui avait failli lui coûter la vie.

Il y avait, à Bogota, le bataillon Vargas, dont Silva attaqua sans succès la caserne, avec une batterie d'artillerie. Les soldats firent feu des fenêtres sur les artilleurs, s'emparèrent des canons et, faisant une sortie, poursuivirent les assaillants dans toutes les directions. Le général se mit à la tête des troupes restées fidèles et lança à la poursuite des révoltés les grenadiers à cheval, qui firent de nombreux prisonniers.

Il arriva ce que l'on observe dans tous les coups
de main mal réussis, que les indécis — et ils
étaient nombreux — se prononcèrent pour les
vainqueurs. J'en ai connu plusieurs qui se con-
duisirent ainsi, entre autres le vice-président de
la République, le général Santander.

Durant cette scène nocturne, il y eut beaucoup d'agitation ; les braves se montrèrent quand
le danger fut passé et chacun faisait valoir les
services qu'il assurait avoir rendus. Mais on
peut affirmer que c'est au bataillon Vargas
qu'on dut le succès et surtout au colonel Whitle,
son commandant, excellent et brave officier
dont j'aurai probablement à raconter la triste
fin.

Pendant que s'accomplissaient les événements
que je viens de faire connaître, le Libertador
avait passé trois heures dans le ruisseau de San-
Francisco, éprouvant les plus vives inquiétudes.
Quand le feu cessa, il ignorait absolument quel
avait été le résultat de la conspiration tramée
contre sa personne. Ses amis, après la victoire,
ne savaient ce qu'il était devenu ; ce fut par hasard qu'une des patrouilles du bataillon Vargas

passa près de l'endroit où il se tenait caché, pa-
trouille dont les soldats publiaient, par des cris
d'allégresse, la déroute des conjurés. Bolivar
put alors rejoindre ses amis sur la place de la
cathédrale ; de là, après avoir parcouru la ville,
il rentra triomphalement dans le palais d'où
quelques heures auparavant il avait dû partir
piteusement par une fenêtre.

Les conspirateurs, traqués par la troupe et
par les populations, furent presque tous arrêtés.
Le général Santander fut mis en prison le lendemain, bien qu'il n'eût pas coopéré activement
à la révolte.

Bolivar éprouva, des événements du 25 septembre, une impression profonde et l'on peut
dire, bien qu'il eût échappé comme par miracle,
qu'il fut réellement assassiné, car, à partir de
cette date, sa santé déclina très rapidement.

Un tribunal extraordinaire, formé de quatre
officiers supérieurs et de quatre juges civils,
procéda au jugement des prisonniers. Horment,
Zulaivar, le commandant Silva, les lieutenants
Galindo et Lopez furent condamnés et fusillés
le 30 septembre.

Un autre tribunal, purement militaire, pré-

sidé par le général Urdaneta, et ayant pour as-
sesseur mon ami le colonel Barriga, fut institué.
Le 2 octobre, une sentence de mort fut rendue
contre le colonel Guerra et le général Padilla.

Enfin, quelques jours après, le 14, on passa
aussi par les armes un tout jeune homme, fort
instruit, Pedro Celestino Azuero, professeur de
philosophie au collège de San Bartolomeo et
quelques artilleurs. Le misérable Carujo, l'as-
sassin de Fergusson, échappa au supplice, à la
suite de révélations. Plusieurs des conspirateurs échappèrent à la mort par la fuite ou par
une commutation de peine. Gonzalès, dont je
connaissais la famille, pénétra dans les *llanos*,
s'embarqua sur le Meta. Jamais, depuis, on n'en
entendit parler.

Le procès de Santander excita un grand intérêt. Le général n'avait pas ostensiblement pris
part à l'attentat du 25 septembre. Néanmoins
le conseil de guerre le condamna à être passé
par les armes. Le Conseil des ministres fut d'a-
vis de commuer la peine en celle du bannisse-
ment.

Quelques années après cet événement, Bolivar
était mort, Santander rentrait en Colombie

comme président. Je déjeunai avec lui à Santa-
Marta, lors de mon retour en France.

On a discuté les motifs que les conjurés
avaient eus d'attenter à la vie du Libertador. On
a cru voir, dans cet attentat, la main de l'Espagne. Rien de moins probable. Les conspirateurs
étaient simplement des exaltés, des ambitieux.
Quant à Horment, le consul général de France,
M. Martigny, m'a assuré que, dans les papiers
qu'il eut mission d'examiner, après l'exécution
de ce malheureux, il ne trouva que des lettres
de famille, entre autres une lettre très affectueuse
d'une mère donnant à son fils le conseil de ne
pas se mêler de politique.

Telle fut la conspiration du 25 septembre
dans laquelle Manuelita montra un grand
cœur, de l'audace, et une rare présence d'esprit.

Rien d'amusant comme sa relation de la fuite
du général.

— Figurez-vous, disait-elle, qu'il voulait se
défendre. Dieu! qu'il était drôle, en chemise,
la rapière à la main! Don Quichotte en personne! Si je ne l'avais pas fait filer par la
fenêtre, c'était un homme mort!

Pauvre Manuelita ! Vers la fin de sa carrière,
Bolivar disparu, elle tomba dans la misère. Un
ami la rencontra à Payta, sur la côte du Pérou,
vendant des cigares, toujours gaie, affable et
d'un embonpoint extraordinaire, que rien ne
faisait prévoir à l'époque de sa grandeur.

VIII

Campagne de 1824 dans les *llanos* du Meta.

Les plaines à l'est des Cordillères de l'Amérique intertropicale ont pour limites les forêts
impénétrables du haut Orénoque et les maré-
cages de la Guyane; elles sont sillonnées de
nombreux cours d'eaux : l'Apura, le Meta, le
Guaviare, le Potomago, rivières importantes,
prenant naissance sur les versants orientaux
des montagnes de Vénézuela et de la Nueva
Granada.

Situées sous la zone torride, à de faibles altitudes, ces steppes ont un climat extrêmement
chaud ; leur immense étendue, leur surface
unie rappellerait l'image de l'Océan si ce n'était
leur silence et leur immobilité ; car, ainsi que

le fait remarquer Humboldt, « le désert est inanimé et mort, comme pourrait l'être une planète dévastée ».

La *Tierra caliente* a, en réalité, deux saisons : celle des pluies, celle des sécheresses; aussi offre-t-elle l'aspect tantôt d'une prairie verdoyante, tantôt d'un sol dénudé, crevassé, dont la poussière, soulevée par le vent, communique à l'atmosphère une chaleur étouffante, atteignant quelquefois 40° à 42°. Alors le sol est presque constamment découvert; une forte brise N.-E. souffle régulièrement depuis le lever jusqu'au coucher du soleil. L'air est relativement calme pendant la nuit; les constellations scintillent d'un vif éclat; et parmi elles, la Croix du Sud, ce guide du voyageur égaré, qu'on ne voit pas pour la première fois sans éprouver une certaine émotion.

L'approche de la saison pluvieuse est annoncée par le grondement du tonnerre; des nuages obscurcissent l'horizon; la savane est bientôt transformée en un grand lac, en une mer d'eau douce. Les communications ont lieu au moyen d'embarcations; seuls, les *llaneros* expérimentés se hasardent à parcourir à cheval le terrain submergé. C'est que, pour entreprendre une pareille traversée, il faut joindre à l'habileté du cavalier consommé la prudence du pilote.

A mesure que les eaux envahissent les steppes, le bétail, les chevaux, dispersés dans les pâturages, se retirent sur les proéminences peu élevées à la vérité, mais ayant sur certains points une grande étendue : ce sont les *mesas* (tables), les *bancos* (bancs) où sont établis les *hatos*, les *haciendas*.

Les steppes sont fertiles ; c'est une zone pastorale. Dans les *llanos* de l'Apure on rencontre quelques villes, des villages, des missions, où vivent les Indiens catéchisés.

Dans le Vénézuela, les pacages occupent une superficie de 6 795 myriamètres carrés ; dont 717, environ 1/10, sont inondés chaque année.

Les *llanos* de l'Apure et de Varinas renfermaient en 1839, suivant la statistique dressée par le colonel Codazi, un million de têtes, en bétail, chevaux et mulets. Si l'on tient compte des animaux élevés dans les pâturages de la Guyane, de Barcelona, on arrive au chiffre de 2 200 000 têtes appartenant à la race ovine et chevaline.

Dans l'Apure, une surface de 1860 lieues carrées ne contient que 15 500 habitants. Les *llanos* de Varinas sont plus peuplées ; on évalue leur population à 115 000 âmes. On y cultive le tabac, l'indigo, le cacao, le café, le coton.

Les *llaneros* sont mulâtres, *zambos*, d'une prodigieuse activité, nus jusqu'à la ceinture : passant leur vie à cheval, il leur est pénible de faire la moindre course à pied. Armés d'une lance pour défendre les troupeaux contre les attaques des tigres ; ils portent, en outre, enroulé au pommeau de la selle, le lasso en cuir pour arrêter et renverser un taureau ; et, pendant la guerre, pour désarçonner l'ennemi.

Ces hommes, dont l'occupation est de rallier le bétail, de le marquer d'un fer rouge, se nourrissent de viande séchée à l'air après avoir été légèrement saupoudrée de sel : la racine de yucca remplace le pain.

L'inondation des *llanos* coïncide avec les crues de l'Orénoque lors de l'équinoxe du printemps, vers la fin de mars, quand la brise ne se fait plus sentir. La crue n'est pas continue, mais intermittente ; le fleuve baisse quelquefois en avril ; il est à son maximum de hauteur en juillet, et reste *plein* jusqu'aux derniers jours du mois d'août, pour décroître ensuite lentement, graduellement jusqu'en janvier et février.

La terre, imbibée d'eau, se revêt bientôt de diverses familles de graminées, de sensitives : elle apparaît comme un herbage immense où les troupeaux rencontrent en abondance une nourriture qu'ils ne trouvaient pas sur les *mesas*, où ils s'étaient retirés pour échapper à l'invasion des eaux.

Les crues, le débordement des rivières sont occasionnés par l'abondance des pluies qui, dans la saison de l'*invierno*, tombent dans le bassin hydrographique de l'Orénoque, dont l'étendue, d'après le colonel Codazi, serait de 9 628 myriamètres carrés. J'ajouterai que le bassin de l'Orénoque est lié à celui de l'Amazone.

La communication entre les deux fleuves a été, pendant longtemps, le sujet des discussions les plus vives entre les géographes. On se demandait s'il était réellement possible de se rendre d'un fleuve à l'autre sans passer par des portages, sans traîner les canots par des *arrastraderos*. Déjà, sur une carte dressée en 1599,

on trouve indiqués des portages entre l'Esse-
quebo, le Caroni et le rio Branco. En 1739,
Horneman avait traversé, en 3 journées de marche, un *arrastradero* allant du rio Sauri au rio
Rupunuri ; mais la communication directe entre
les deux plus grands fleuves de l'Amérique
resta incertaine, controversée, jusqu'à la découverte inattendue du Cassiquiare par le Père
Roman. Ce religieux, dans un voyage entrepris
en 1744, pour inspecter les missions du haut
Orénoque, fit, à la hauteur du Guaviare, la rencontre d'une pirogue montée par des Européens.
Dans les solitudes du Nouveau-Monde, dans ces
épaisses forêts où l'on se tient continuellement
en garde contre les animaux féroces, ce que
l'homme redoute le plus, ce qui éveille chez
lui les craintes les plus vives, c'est l'apparition
de son semblable. Justement alarmé, le missionnaire s'empressa d'arborer un signal de
paix, une croix. Le Père Roman avait rencontré
des Portugais qui furent tout étonnés d'ap-
prendre qu'ils naviguaient sur les eaux de l'Orénoque. Le chef des missions les accompagna
par le Cassiquiare jusqu'aux établissements du
Rio Negro. La nouvelle de cette singulière ren-

contre se répandit rapidement et, quelques mois après, La Condamine annonçait la découverte du Cassiquiare, dans une séance publique de l'Académie des sciences.

Depuis lors, la communication directe des Amazones ne fit plus l'objet d'aucun doute. La commission des limites, sous la direction de Solano, commença l'exploration du Cassiquiare et du rio Negro.

Plus tard, De Humboldt étudia, avec le plus grand soin, la bifurcation de l'Orénoque à la mission de Esmeralda. Il résulterait des observations du colonel Codazi que, par le Cassiquiare, environ un tiers du volume des eaux de l'Orénoque se rend dans le Rio Negro, puis ensuite à l'Amazone[1].

À Angostura, capitale de la Guyane, on a essayé de cuber le volume des eaux de l'Orénoque. En ce point le fleuve est encaissé dans un lit très resserré, sa largeur n'est plus que de 6 688 mètres. Un rocher passé au milieu du courant est un véritable tréconomètre. Dans ce détroit,

---

[1] BOUSSINGAULT. — Rapport à l'Académie sur les travaux géographiques du colonel Codazi. (*Comptes rendus*, t. XII, p. 462.)

en étiage, le colonel Codazi a constaté qu'il passe
882, 7 m. cubes d'eau par seconde. On observe
qu'à Angostura le fleuve n'a pas encore reçu le
rio Caroni. Aussi, après un parcours de 222 myriamètres, dans le voisinage de Piacoa, sa largeur devient considérable : c'est là que commence le Delta, labyrinthe interminable de
canaux d'une surface de 133 myriamètres
carrés.

Les crues moyennes de l'Orénoque à Angostura ne dépassent pas 8 mètres. En refoulant
les rivières tributaires vers leurs sources, elles
en modifient le régime et concourent ainsi, avec
les pluies équatoriales de la saison, à l'inondation des parties les moins élevées des steppes.
La limite de l'ascension des eaux de la plaine
vers les Cordillères dépend naturellement de la
pente du lit des rivières; or le sol des *llanos*
s'élève insensiblement vers les montagnes.
Ainsi, en comparant les observations barométriques faites pendant notre campagne sur le
Meta à l'embarcadère supérieur et à sa jonction avec l'Orénoque, on trouva une différence
de niveau de 139 m. sur une distance de
430 milles géographiques (147 lieues colom-

biennes)[1], soit une pente moyenne d'environ $0^m,35$ par mille ; mais la pente du lit de la rivière est loin d'être uniforme sur tout son parcours. Elle diminue à mesure qu'on s'éloigne des sources. Ainsi l'Apure, le Meta ont des courants si peu prononcés, en approchant de leur embouchure, qu'on est parfois incertain sur leur direction. Avec des pentes aussi douces, on conçoit que la crue de l'Orénoque se propage si avant dans les rivières qu'elle les fasse sortir de leurs lits. Par exemple, sur le Meta, nous avons trouvé que la différence de hauteur entre la bouche du Casanare et son point de jonction avec le fleuve est de 37 mètres et la distance 225 milles ; on a alors pour la pente par mille $1^m,06$. Enfin l'altitude de la mission de Saint-Simon au-dessus du point de jonction est nulle, la distance 205 milles. Il arriva que, jusqu'à cette distance, les eaux du Meta suivirent, dans la plaine, le mouvement ascendant des eaux de l'Orénoque et qu'elles s'épanchèrent dans les steppes, lorsque, ainsi que cela a lieu généralement, la rivière n'est pas encaissée. Il en résulta des dé-

1. Codazi donne, pour la longueur du Meta, 210 lieues colombiennes ; c'est une erreur.

bordements formant une nappe d'eau d'autant plus étendue que la pente du terrain est plus faible.

A une altitude absolue de 200 mètres les localités échappent aux inondations ; c'est le cas pour les plaines peu éloignées des montagnes, telles que celle où est située la *ciudad* de San Martin.

Les principales rivières aboutissant à l'Orénoque sont l'Apure et l'Arauca, venant de la Sierra Nevada de Merida ; le Meta, le Guaviare, originaires des Cordillères de Cundinamaria ; au sud de l'Équateur, les rivières de Caqueto, de Putumayo, sortant des Andes de Pasto, coulent vers l'Amazone. C'est par l'Apure que le commerce des *llanos* du Vénézuela exporte ses productions, viandes salées, mulets, etc. d'abord à la Guyane, puis aux Antilles.

Le Meta a été considéré pendant longtemps comme la voie la plus convenable pour l'exportation des farines des plateaux de la Nouvelle-Grenade. Les jésuites encourageaient dans ce but l'établissement des missions sur ses rives. Jusqu'à présent ce transit n'a pas été pratiqué d'une manière suivie. D'abord les terres tempé-

rées de Bogota et de Tunga n'ont eu que des
cultures de céréales à peine suffisantes pour la
consommation du pays; ensuite il est plus ra-
tionnel, pour se rendre à la mer, de prendre le
rio Grande de la Magdalena, route directe dont
l'embarcadère est à Monda, que d'entreprendre
d'abord la navigation du Meta traversant une
contrée déserte et ensuite celle de l'Orénoque.

Les *llanos*, par leur immensité, leur aspect si
variable suivant les diverses époques de l'année,
les belles rivières qui les traversent pour aller
se joindre dans un des plus grands fleuves
connus, offrent un étonnant spectacle que j'avais
à peine entrevu dans mes excursions de Maracay
aux villes de San Carlos et de Cura; ce fut avec
une vive curiosité que je parcourus alors les
plaines de Calabozo, mais le projet que j'avais
conçu de pénétrer plus avant dans les steppes
ne put être réalisé qu'en 1824.

Le gouvernement désirait connaître exactement le cours du Meta et la position astronomique de son confluent avec l'Orénoque. Humboldt, par ses observations chronométriques, en
avait fixé la longitude à 70° 4' 29"; mais l'état

du ciel ne lui permit pas d'obtenir la latitude de cette station.

Une expédition formée de M. Mariano de Rivero, du docteur Roulin et de moi fut chargée de combler la lacune laissée par Humboldt et d'explorer cette contrée, en commençant par niveler, à l'aide du baromètre, la pente E. de la Cordillère conduisant aux plaines de San Martin ; Un piquet de soldats accompagné d'un sous-officier nous accompagnait, pour repousser, le cas échéant, les Indiens insoumis.

Nos préparatifs furent bientôt faits, nos baromètres mis en état ; la marche de nos chronomètres réglée. Nos amis étaient loin de nous féliciter de la mission que le gouvernement nous confiait. Pour tout habitant des régions tempérées, le séjour dans les plaines de l'Est est le plus souvent mortel. On nous disait adieu, comme si l'on ne devait plus nous revoir ; quant à nous, nous partions avec toute l'insouciance de la jeunesse.

La veille du départ, le ministre me pria d'accompagner un moine de Saint-François pour l'installer dans une cure qu'il devait occuper dans les *llanos* de Saint-Martin ; c'était un exil provoqué par une conduite plus que légère, scandaleuse. Charmant religieux, d'une figure ravissante, fort recherché des femmes, joueur, libertin, il fut exact au rendez-vous, — je devais être son gendarme; — excellent compagnon, après tout, et bien divertissant. En route, il chantait des chansons impossibles à traduire; au bivouac, il jouait avec les soldats et leur apprenait à biseauter les cartes, nous racontait des histoires scabreuses, puis, à la *oracion*, il disait les prières avec beaucoup d'onction.

La route que nous allions prendre pour descendre dans les steppes est précisément celle par laquelle Federman et sa misérable troupe arrivèrent exténués chez les Muyscas, après avoir erré pendant plus d'une année à la recherche du Dorado.

Le 13 janvier 1824, nous sortîmes de Bogota à midi en prenant la direction de Chipaque; nous passâmes au Boqueron à trois heures, à l'altitude de 2595 mètres. C'était le point le plus élevé que nous devions rencontrer. A partir de là commença la descente. Au coucher du soleil, nous prîmes gîte à Chipaque, village indien à cabanes circulaires couvertes de paille comme au temps de la conquête. Altitude : 2491 mètres environ.

Le 14 nous descendîmes dans la Quebrada Munare (alt. de 2219 m.), puis nous entrâmes dans la vallée du Caquesa où nous fûmes frappés de l'allure irrégulière des couches de grès et de calcaire, tantôt horizontales, tantôt fortement inclinées, ondulées. Ce bouleversement des strates est général. En suivant la vallée dirigée de l'ouest à l'est, on atteignit l'alto de la Cruz (altit. 2130 m.) pour redescendre dans le lit du Caquesa.

Près du pont, avant d'entrer dans le village, on observe un schiste noir recouvert d'efflorescences de sulfate de magnésie. (Sur le pont : alt. 1611 m.) Nous arrivâmes à Caquesa dans l'après-midi (altitude 1745 m.). Schiste renfermant du calcaire coquillier.

La journée du 15 fut employée à nous procurer des mulets ; Le 16, on laissait Caquesa, nous gravîmes l'alto de Ubatoque (alt. 1917 m.), puis nous passâmes par El Potrerito (alt. 1884 m.), par l'alto de Carra de Perro (alt. 1544 m.) avant d'atteindre la Bencharia (alt.

1 534 m.) où nous passâmes la nuit. C'est une cabane isolée, au-dessus de la jonction du rio Negro et du rio Samana ou Fosca, *posada*, le caravansérail des rares voyageurs se rendant aux *llanos*.

Le rio Negro reçoit le rio Umadea; ces deux torrents sortent des *páramos* de la Sumapaz et de Chingaca, et sont regardés comme les sources du Meta.

A la Rancheria, on voit de la grauwake liée à du schiste noir. Nous nous arrêtâmes deux jours à la *posada* pour organiser nos transports.

Le 19 nous partons pour le Paso de la Caballa, en franchissant l'Alto del Santuario (alt. 2342 m.), Lagunita (alt. 1867).

A quatre heures du soir nous étions à notre destination, dans une hacienda sur les bords du rio Negro (alt. 984 m.). La nature du terrain n'avait pas changé : c'était toujours le schiste, mêlé à une brèche à fragments de granit, et des roches talqueuses.

Dans la nuit j'obtins une très bonne hauteur méridienne de Canopus pour fixer la latitude de cette station.

Au Paso de la Caballa, le rio Negro coule

au S. S. E. et reçoit le torrent du rio Blanco.

Le 20 janvier, au matin, la température était de 19°, quand nous quittâmes la métairie du Paso de la Caballa. En sortant de la vallée on gravit une pente raide jusqu'au Sitio de San Miguel (alt. 1 631 m.). Une heure après nous traversions la Quebrada de Chiraga (alt. 1 561 m.), puis, deux heures plus tard, il était midi, les mulets allant toujours au pas, nous atteignîmes la Quebrada de Suzumuco (alt. 894 m.).

A une heure trois quarts on était aux Corales, cabane isolée (alt. 1 134 m.).

A trois heures un quart à la Quebrada Pipiral (alt. 807 m.). A cinq heures nous arrivions sur l'Alto de Servita en vue des *llanos* (alt. 1 194 m.). Nous avions marché sur le terrain schisteux ; on fit halte dans une baraque nommée Servita (alt. 979 m.). De cette station on pouvait suivre le cours du rio Negro, dirigé au S. S. O. ensuite à l'O. S. O. puis, après un grand circuit, reprenant la direction E. S. E. qu'il conserve en entrant dans la plaine.

Le 21 janvier, à Servita, le matin, température 24°. On monta la côte de Buenavista, où nous reconnûmes le grès de Santa-Fé, renfermant de nombreux amas de minerai de fer ; les couches arénacées plongeaient au N. O.

Après quatre heures de route nous étions sur l'Alto de Buenavista (alt. 1 226 m.), à trois heures. Nous établîmes notre bivouac près d'un ruisseau, dans un endroit de la forêt nommé Gramalote, à cause de l'abondance d'une graminée très élevée (alt. 486 m.). La nuit, les *zancudos* nous empêchèrent de dormir. Lorsque je calais l'horizon artificiel dans l'intention de prendre une hauteur méridienne de Canopus, je fus entouré par trois ou quatre tigres bondissant autour du bivouac. Je m'empressai de rentrer, et il n'y eut pas d'observation. Les rugissements de ces animaux étaient insupportables ; heureusement nos mulets échappèrent au danger ; leur instinct les ayant fait se rapprocher des feux que nous entretenions pour écarter les bêtes fauves. Le matin nous reconnûmes que nous avions été envahis par des termites, très petite espèce de fourmis qui détruisirent entièrement un carnier de chasse. A ce moment le thermomètre marquait 23° à Gramalote. Après une forte pluie, la veille, à cinq heures du soir, il y avait 32°.

Deux heures plus tard nous nous arrêtâmes, avec l'intention de déjeuner au bord d'une charmante rivière, l'Ocoa. L'eau était limpide, assez fraîche : nous étions au milieu de palmiers élancés, magnifiques ; on tira des *pétaques*, des biscuits de maïs et un superbe jambon de New-York que le docteur Roulin se mit à découper. Chacun se disposait à le déguster, quand tout à coup nous fûmes plongés dans un nuage épais de *mosquitos :* nous étions littéralement dévorés, aussi fûmes-nous à cheval en un instant et nous éloignâmes-nous au galop. Roulin, en fuyant, tenait le jambon au-dessus de sa tête ; aussi fut-il suivi, pendant un ou deux kilomètres, par les insectes.

Quand nous fûmes hors de leur atteinte, nous pûmes déjeuner ; mais, hélas ! sans boire.

A cet endroit nous avons trouvé 405 mètres pour altitude du rio Ocoa.

Deux heures après l'avoir traversé, nous débouchions dans la savane, nous étions dans les *llanos* de San Martin, par un temps splendide ; le sol était couvert d'une riche verdure. Nous nous arrêtâmes devant un petit étang où nageaient quelques tortues ; l'eau en était fort chaude : 38°; des oiseaux à riche plumage se laissaient approcher et un daim s'y désaltérait. La scène rappelait assez bien le frontispice de l'ouvrage de l'abbé Pluche représentant l'homme au milieu de la création.

A une heure nous atteignîmes la mission de Apiaï, si toutefois on peut dire qu'on entre dans un village quand les maisons sont à un ou deux kilomètres l'une de l'autre. Nous mîmes pied à terre dans une habitation construite en *bambudas guaduas*, une demeure à claire-voie, dans laquelle vivait une famille de fiévreux, pauvres gens, ayant tous des foies volumineux et tellement couverts de piqûres d'insectes que leur peau paraissait tigrée. Rien de triste comme de les voir s'agiter, se frapper pour chasser les mouches. Ils n'avaient pas une minute de repos.

C'est à Apiaï que devait résider mon jeune moine. Je lui donnai un *abrazo* en prenant congé de lui ; je promis de lui faire une visite au retour de l'expédition ; le pauvre garçon avait les larmes aux yeux et me disait : « Vous ne me trouverez plus. » Il avait raison. A mon retour, il était mort, et moi j'étais mourant.

Déjà il était occupé, comme nos hôtes, à expulser les *mosquitos;* nous en faisions autant, et, la nuit, nous fûmes dévorés. Au matin nous avions les lèvres enflées, les mains dans un état pitoyable. J'étais pour la première fois victime des insectes. Je n'avais pas encore navigué sur la Magdalena, je n'avais pas vécu dans les forêts marécageuses du Chaco. C'est en suivant la Cordillère orientale des Andes que j'étais arrivé sur le plateau de Cundinamarca.

Pour ne plus revenir sur la souffrance incroyable que le voyageur endure dans les contrées où l'atmosphère est infestée de ces terribles tipulaires, je ferai leur histoire d'après Humboldt qui fut si souvent exposé à leurs attaques durant sa mémorable navigation sur le haut Orénoque.

Dans les forêts chaudes et humides, où l'hygromètre de Saussure se maintient ordinairement entre 78° et 85°, on est horriblement tourmenté, le jour, par les *mosquitos* et les *jejenes*, très petites mouches ou *simulies* vénéneuses; la nuit, par les *zancudos*, grands cousins, des plus redoutables par leur voracité.

Ces insectes abondent surtout dans la couche

inférieure de l'atmosphère jusqu'à une hauteur de 4 à 5 mètres ; aussi les missionnaires construisent-ils, quand ils en ont les moyens, un échafaudage, un réduit, où il leur soit possible de respirer librement.

Lorsque, enfermé dans un lieu obscur, on regarde au dehors, on aperçoit comme un nuage animé. Humboldt estime à un million le nombre de *mosquitos* enfermés dans un mètre cube d'air.

Dans une forêt traversée par une rivière, les insectes deviennent moins nombreux à mesure qu'on s'éloigne du rivage ; la différence est considérable. Aussi les Indiens fuient-ils les missions placées près d'un cours d'eau pour retourner dans l'intérieur des bois. En effet, sur l'Orénoque et ses affluents, on vit dans un véritable nuage d'insectes, aussi un Indien Saliva disait-il au Père Gumillo « qu'on devait être bien heureux dans la lune parce que, à la voir si belle et si claire, elle devait être libre de *mosquitos* ».

L'abondance des mouches à Esmeralda et sur le Cassiquiare fait de la résidence de ces localités un vrai supplice. Dans les mesquines ré-

volutions qui agitent de temps à autre l'ordre
de l'Observance de San Francisco, c'est là que
le Père gardien envoie un frère lai quand il a
commis une faute.

L'apparition de ces tipulaires si redoutables
dépend de circonstances locales qu'il est difficile d'apprécier, mais parmi lesquelles, toutefois, il faut certainement placer une température élevée réunie à une forte humidité : cela se
conçoit puisque ces insectes vivent dans l'eau
pendant une grande partie de leur existence :
ils y déposent leurs œufs, qui y accomplissent
leur métamorphose.

Ce qu'il y a de fort remarquable, c'est ce fait
connu des missionnaires de l'Orénoque que les
différentes espèces de ces êtres malfaisants ne
s'associent jamais ou plutôt ne fonctionnent
jamais ensemble ; d'où résulte que, suivant les
heures de la journée, on est tourmenté par des
espèces distinctes. Chaque fois que la scène
change, on a quelques minutes de repos.

De six heures et demie du matin à cinq
heures de l'après-midi, l'air est rempli de *mosquitos* ayant la forme d'une petite mouche et
non pas celle de nos cousins d'Europe (*culex*

pipiens). Ce sont les *simulies* de la famille des Némocères du système de Latreille. Leur piqûre cuisante laisse sur la peau un point brun rougeâtre de sang extravasé et coagulé.

Une heure avant le coucher du soleil, les *mosquitos* sont remplacés par des *tempraneros* matinaux, ainsi nommés parce qu'ils se montrent aussi le matin. Ces *tempraneros* cèdent leur place aux *zancudos*, culex à pieds très longs et armé d'une trompe servant de gaine à un suçoir aigu qui occasionne les douleurs les plus vives et produit sur la peau des enflures persistant pendant plusieurs semaines. Les zancudos ont un bourdonnement plus fort que celui que font entendre les cousins d'Europe. Humboldt en a rapporté cinq espèces, de la Magdalena et du rio Guayaquil : la plus terrible est le *culex cyanopteras*, au ventre azur : c'est un géant. Il en est une autre espèce, à peine visible et plus incommode pour l'homme : c'est le *jejen*. Il n'est pas nocturne, mais crépusculaire. Dans un bivouac on n'a pas à le redouter; si ce n'est au commencement et à la fin de la journée. Toutefois, dans les habitations peu éclairées où, du matin au soir, règne un crépuscule permanent, on en souffre singulièrement par l'irritation incessante qu'il exerce sur le corps.

Humboldt a dit, avec l'autorité d'un martyr des tipulaires, que, quelque accoutumé que l'on soit à endurer la douleur, quelque vif que soit l'intérêt qu'un voyageur porte aux objets de ses recherches, il lui est impossible de ne pas en être distrait par les *mosquitos*, les *tempraneros*, les *jejenes*, et surtout par les *zancudos* qui perforent les vêtements avec leur suçoir allongé en forme d'aiguille ou qui provoquent la toux ou l'éternuement en s'introduisant dans la bouche ou dans le nez.

Quant à la puissance de l'aiguillon du *zancudo*, j'ai pu m'en convaincre, en étant horriblement piqué à travers un pantalon en cuir-laine. Le seul moyen de mettre son corps hors d'atteinte des tipulaires nocturnes, c'est d'user d'un vêtement de basane. Un entomologiste de l'expédition de M. Bourdon en portait un qui le préservait de l'aiguillon des *zancudos*, mais qu'il ne put supporter, à cause de la chaleur.

D'Apiaï, où nous restâmes le 23 (alt. 353 m.),

nous nous rendîmes, en une journée, à San
Martin, en marchant à l'E. et traversant le rio
Negro, coulant à l'E. S. E. puis le rio Urive, un
de ses affluents.

Je remarquai, dans ces rivières, ces galets
roulés, enduits d'une matière ayant l'apparence
de la plombagine, que Humboldt a vue aussi
recouvrir la surface des granits roulés par
l'Orénoque; singulière substance, contenant du
manganèse et que j'avais observée dans certains
cours d'eau de la côte du Vénézuéla.

Nous passâmes encore quelques petits torrents, les rios Acacias, Orotoga, qui se jet-
tent dans l'Umadea, où nous étions à 6 heures
du soir, étant partis de Apiaï à 7 heures du
matin. L'Umadea est déjà très grand et a reçu
le rio Negro: c'est réellement la Meta.

La nuit nous ayant surpris, nous fûmes obligés de prendre gîte dans une cabane abandonnée où toute la nuit nous eûmes à nous défendre de chauves-souris gigantesques, de vrais
vampires. Le lendemain nous étions couverts
de leurs excréments ; et il était 9 heures, quand
nous fîmes notre entrée à San Martin, dans
l'état le plus piteux, poudrés d'acide urique.

Ainsi nous avions mis huit jours pour venir de Bogota à San Martin, misérable village nommé pompeusement la ville de San Martin de los Blancos; cependant le chemin parcouru ne dépasse pas, en ligne droite, 60 milles géographiques, 20 lieues de pays.

J'ai cru devoir donner en détail notre itinéraire, parce que les cartes sont d'une inexactitude étonnante, même la carte du colonel Acosta, auquel nous avons cependant communiqué nos observations.

Nous fîmes notre visite officielle, en grand uniforme, aux autorités, après qu'on nous eut installés dans une grande *ramada*, salle couverte en feuilles.

L'alcade était un Indien de la tribu des Corijuales, nu comme le jour de sa naissance, ne portant absolument que le *guagua*, bandelette étroite que portent, sans exception, tous les Indiens adultes. Il avait son insigne municipal, une baguette à la tête de laquelle était incrustée une croix en argent.

Le curé, un moine franciscain, ancien chef de guérillas, nous parut un excellent compère. L'expédition arriva à temps pour lui; sa femme, ou plutôt son Indienne était en mal d'enfant; le cas était grave, le docteur Roulin l'accoucha, non sans difficultés. Je l'aidai dans l'opération et je fis au bambin une petite coiffe en coupant la pointe d'un de mes deux bonnets de coton. J'admirai avec quel courage l'accouchée, — elle n'avait que onze ans, — supporta les douleurs.

Le commandant militaire était un cultivateur allant pieds nus; un garçon bien complaisant, mélange d'Indien et de blanc, probablement le produit d'un moine et d'une Corijuale.

Je mis en ordre les instruments pour suivre les variations du baromètre et déterminer la latitude. Je demandai qu'on nettoyât notre habitation. On m'envoya deux très jeunes Indiennes accompagnées d'un *cabo* de justice, sorte de sous-alcade chargé de surveiller les balayeuses. Les Indiennes se mirent à l'ouvrage, mais, comme l'autorité, armée de sa vare légale, faisait mine de les maltraiter, je la mis dehors. Le sous-alcade ne fut pas plutôt sorti par la porte qu'il rentra par la fenêtre, sans manifester la moindre émotion. Je le pris alors par-dessous le bras et je lui donnai le fouet, après quoi je le mis de nouveau hors de la salle; j'eus

tort sans doute ; toujours est-il que je rendis
les balayeuses très heureuses ; elles riaient à se
tordre, au bruit des claques qui résonnaient sur
le derrière de leur surveillant.

LXXII

Lettre de Boussingault père à son fils.

Paris, le 28 janvier 1822.

Je suis sensible, mon ami, ainsi que ce qui compose la famille, aux vœux que tu fais pour nous au renouvellement de cette année. Les nôtres ne sont pas moins sincères et il ne manquera rien à notre satisfaction, si tu continues d'être heureux et de mériter de plus en plus l'estime de ceux avec lesquels tu travailles.

Quant à nous, nous sommes toujours dans la même situation. Le commerce va bien; je fais mes efforts pour vendre; je trouve beaucoup de marchandeurs, mais aucun n'a de quoi fournir une solvabilité, n'ayant pas de comptant; le quartier, d'ailleurs, n'est point favorable, ce qui me donne beaucoup de difficulté à me débarrasser.

Je ne te fais point, mon cher Boussingault, d'observations sur les places qu'on te propose; tu dois connaître actuellement tes intérêts, et tu dois faire pour le mieux.

Quant à ce que tu me dis que tu viendras me voir aux jours gras, si mon fonds est vendu; je ne vois pas que cela puisse t'empêcher; si tu as le même désir que nous avons à te voir; si cela ne dérange pas tes occupations, j'aurais bien du plaisir à te voir.

Je me suis transporté le 15 de ce mois à la municipalité pour te faire inscrire pour la conscription. D'après mes observations, l'on exige un duplicata de ton brevet, un certificat de tes études à Saint-Étienne, et que l'école t'a placé chez M. Dournay, et un de M. Dournay qui certifie que tu es chez lui. Comme il est instant que je reçoive ces pièces avant le 1er mars, je t'invite à accélérer ces demandes auprès de qui de droit; le maire me donne espérance, si tu peux, comme je m'en doute, obtenir ces pièces.

Tu es sans doute informé que Jules passe directeur des mines de sel à Vic, département de la Meurthe. Son père et sa mère te disent bien des choses.

Cadet va toujours à l'école. Il apprend très difficilement; cependant il y a du mieux dans son instruction et dans sa conduite.

Vaudet continue à faire de bonnes affaires et se porte bien, ainsi que son épouse.

Mme Luther est toujours souffrante, monsieur
se porte bien, ainsi que nous, qui t'embrassons de
tous nos cœurs, et suis, avec tendresse,

Ton père,

BOUSSINGAULT.

Lisa, qui vient charmante, connaît toute la
famille, et, lorsqu'on lui demande son oncle Lolo,
elle répond : « Tout là-bas... »

LXXIII

Lettre de Vaudet à Boussingault.

18 août 1822.

Mon cher B,

Ni l'adresse de la jeune personne si intéressante,
ni les rasoirs n'ont pu être obtenus de ces messieurs
des Messageries, rue Montmartre.

Il ne nous est parvenu qu'une seule lettre que
j'ai lue, d'après ton autorisation, et que j'ai jointe
à ta correspondance, elle est de ton ami Engel-
hardt.

Quant aux lettres que tu dis avoir laissées dans

la poche secrète de mon portefeuille, je n'en ai trouvé aucune.

Je te fais mon compliment de ce que tu as rencontré quelqu'un qui te plaît : c'est pour ce monsieur et pour toi une mutuelle ressource dans une ville où peut-être vous ne connaissez personne, ni l'un ni l'autre. Je te fais part d'une réflexion sur son compte, au sujet du coup de sabre que tu prétends valoir un certificat de bravoure : je ne sais jusqu'à quel point cela peut prouver la hardiesse; mais sans lui contester ses prouesses, je crois que celui qui l'a blessé n'était pas mauvais non plus.

Parcours, ô mon cher Pylade ! parcours la carrière brillante que ton mérite et peut-être les circonstances t'ont tracée : je t'engage à voir tes parents de Wetzlar, croyant bien que ce voyage te sera utile et profitable.

Ta sœur a été et est aujourd'hui bien malade. Nous avons un artiste médecin qui, dit-on, commande aux maladies comme Jésus-Christ aux éléments. Je te fais cette citation toute chrétienne parce que je crois qu'au travers de tes occupations et de tes voyages, tu te rappelles de ton histoire sainte, de ton évangile et qu'enfin tu ne négliges pas les affaires de ton futur salut.

Nous avons trouvé que tu avais été longtemps sans nous écrire. Vous n'aviez pas besoin de cela, monsieur, pour nous faire désirer des nouvelles de votre chère santé.

Instruis-nous de ce que tu sauras de M. Rivero,
si tu en a appris quelque chose.

Quand tu reviendras, tu pourras être à ton aise
dans une pièce nouvellement arrangée.

Rien de nouveau à Paris, si ce n'est le Diorama,
nouveau théâtre offert aux amis des beaux-arts,
spectacle magique, qui attire en foule les curieux
du bon air, offre à leurs yeux la cathédrale de Can-
torbéry, en Angleterre, la vallée de Saarnen, en
Suisse ; les enchanteurs sont Daguerre, Bouton, des
Menus-Plaisirs. Tout le monde s'accorde à trouver
cela au-dessus de ce qu'on peut dire.

Reviens auprès de nous passer le peu de temps
que tu as à passer dans la vieille Europe.

Tout à toi,

V.

Adressée :

*Hôtel de la Cour du Brabant, rue des Menuisiers,
Anvers.*

LXXIV

Lettre de madame Boussingault à son fils.

(Incluse dans la précédente.)

Liebster Sohn, ich wünsche dass du nach Wetzlar
reisest, um meine Freunde zu besehen ; und dich

um mein Vermögen zu erkundigen. Grüsse sie alle
und steige ab bei meiner Schwester.

Ihre Adresse ist Hauptmann Regler, in der Loui-
gasse.

Ich umarme dich von Herzen,

Deine Mutter

Boussingault.

LXXV

Lettre de Vaudet à Boussingault.

Paris, le 1er septembre 1822.

Mon cher Boussingault,

J'ai reçu ta lettre qui nous annonce ton départ;
j'ai sur-le-champ écrit à ton père ce que je lui
cachais toujours, depuis qu'ils sont à la campagne.
La raison qui me faisait leur cacher cette nouvelle
provenait de la crainte de troubler leur plaisir.

Je leur ai transmis presque mot pour mot ta lettre
et leur ai fait part de l'envoi de ton portrait (qui me
parait de main de maître); mais je ne leur ai rien
envoyé de tout cela, crainte que le tout ne se trouve
perdu, vu que, leur ayant déjà écrit deux lettres

sans recevoir de réponse, je puis croire qu'ils ont donné l'adresse de travers ou que l'administration des postes fait mal son service.

Je ne me plains pas de la rareté de tes lettres car tu m'en écris autant que je t'en ai adressé moi-même ; mais je me plaindrai que tu ne me réponds dans aucune sur l'objet des miennes.

Enfin je te félicite de l'amitié soutenue de M. de Humboldt ; de ce qu'il t'a placé sous la surveillance d'une jeune et jolie dame ainsi que de ces messieurs qui seront tes compagnons de voyage et qui, dis-tu, te conviennent parfaitement.

Allons, une lettre avant de partir ; ne l'oublie pas surtout : tu m'as promis ta nouvelle adresse. Je t'envoie aussi le seul marteau que j'aie trouvé à toi. Le petit est égaré. J'en aurais bien fait un autre ; mais j'ai cru me souvenir que tu m'as dit que le grand te suffirait.

Je ne crois pas que tu puisses recevoir une lettre de tes parents, car le temps que ma lettre leur parvienne et le temps que celle qu'ils te répondront mettra à arriver à Anvers sera trop considérable pour t'y trouver encore, si, comme tu dis, vous mettez à la voile dans huit jours.

Je vais te faire part de deux suppositions que je fais.

Tu fais une pension à Cadet de six cents francs ; je trouve cela très bien ; je suis même dans l'intention de l'augmenter ou de faire pour lui toutes les choses en mon pouvoir pour lui faire embrasser une profession qui soit considérée.

Malheureusement je crains que toutes nos bonnes intentions ne soient inutiles; car depuis 15 jours que je talonne Cadet pour lui faire copier un *œil* ou une *bouche*, et qu'il a pour cela chez moi toutes les facilités nécessaires, il ne fait rien; je crois qu'il serait meilleur pour faire une bonne d'enfant que toute autre chose et je crois qu'il est raisonnable de ne lui donner 50 francs par mois qu'autant qu'il les emploiera comme nous le désirons tous deux. J'attends là-dessus ta décision, persuadé que tu ne voudrais pas qu'il employât cet argent à aller au spectacle, à acheter des choses futiles, ou peut-être (ce qui serait encore pis) à se perdre, en prenant le goût de la dépense et de la fainéantise, habitude qu'il n'a déjà malheureusement que trop.

J'ai de fortes raisons de craindre que ton père ne veuille pas accepter un appartement meublé qu'il ne paierait pas, même en lui disant que cet appartement est le tien, ou sans le lui dire. Enfin, de telle manière que l'on s'y prenne, je suis persuadé (presque) qu'il refusera; dis-moi encore, dans cette supposition, ce que je dois faire et, si quand nous aurons fait cette dépense et qu'il n'en profite pas, ce que tu ferais de cet appartement pendant trois années.

Je te demande, dans ma dernière, de m'envoyer,

si tu l'as, cette lettre de M. Dournay dans laquelle
il a consenti la diminution du mastic.

Où diable vas-tu me conseiller de faire mon possible pour entrer dans la maison du Parc Royal?
C'est donc pour me faire bisquer. C'est comme si
tu conseillais à un affamé de manger quand il ne
le pourrait pas.

J'ai fait pour y entrer toutes les démarches et
toutes les propositions de sacrifice possibles. Le
tout a été rejeté très loin et reçu toujours avec une
nouvelle surprise. Cependant, dans seize mois j'aurai mon tour; mais jusque-là il faut souffrir. Ce
qui me console un peu, c'est que les loyers sont
hors de prix et d'une rareté qui fait croire qu'ils
n'en resteront pas là, surtout quand le canal sera
fait.

Adieu donc, mon cher ami; rappelle-toi quelquefois de moi, et compte-moi, je te prie, au nombre
de tes meilleurs amis.

VAUDET.

(Adressée à Anvers.)

LXXVI

Lettre de Boussingault à son père.

Colombie. La Guayra, 4 décembre 1822.

Mon cher papa,

Comme je saisis toutes les occasions pour vous faire parvenir la nouvelle de ma bonne arrivée en ce pays, je t'écris encore, quoique je l'aie fait aujourd'hui même par Saint-Thomas.

Je suis arrivé en très bonne santé et, depuis quinze jours que je suis ici, je me porte aussi bien qu'il est possible. Je suis tellement occupé de tout ce que je vois, et surtout des préparatifs de notre grand voyage dans les Cordillères, que j'ai à peine un instant à moi. Tous nos instruments de physique sont arrivés dans le meilleur état et déjà nous avons fait quelques travaux utiles; ma traversée, sur la fin (à partir de la hauteur de Madère), a été très agréable; mais combien n'avons-nous pas souffert avant ce temps. Sans parler de tous les dangers que nous avons courus, je retiens, seulement dans l'espace de trois jours, trois événements déplorables: 1° à 8 heures du soir, nous avons failli nous perdre sur la côte d'Angleterre; le lendemain nous éprouvons un coup de vent terrible, qui dure dix heures et nous brise un mât; et le troisième jour, dans le port que nous fûmes obligés de chercher pour nous mettre à l'abri, l'équipage, composé de cent hommes, se révolta contre son officier. Ce dernier et nous ne pûmes les contenir que par la force des armes.

J'ai un plaisir étonnant avec toutes les choses nouvelles de ce pays. L'autre jour (le 30 novembre sera pour moi un jour mémorable), dans une ascension sur une montagne que nous avons trouvée avoir 800 mètres de hauteur, j'ai, pour la première fois de ma vie, vu une forêt d'orangers, des arbres chargés de café, une plantation de canne à sucre; à la hauteur où nous étions, nous jouissions d'une température du printemps: 19°, pendant que, dans le même temps, il faisait à la Guayra 28°. Je te raconterai tous ces détails dans un autre moment : je ne suis pas sûr que la présente te parvienne et, dans ce cas, elle est seulement pour te donner un signe de vie, ainsi qu'à toute la famille.

Je t'embrasse, ainsi que maman et Cadet et toute la famille.

Boussingault.

LXXVII

Lettre de Boussingault à sa mère.

Caracas, 18 janvier 1823.

Ma chère maman,

J'espère que papa a reçu la lettre que j'ai envoyée l'autre fois par Saint-Thomas; je profite d'une occasion semblable pour vous donner de mes nouvelles et vous souhaiter à tous une bonne santé.

Tu seras surprise, d'après ce que j'ai marqué à papa, de me savoir encore à Caracas. Les circonstances en sont cause. Le général espagnol Morales a eu quelques succès éphémères; il nous empêchait de suivre notre route; il vient d'être battu, chose beaucoup plus facile que de l'attraper, car dans un pays aussi vaste, il est bien difficile de joindre celui qui a intérêt à fuir; ce Morales a fait dernièrement une loi sévère sur les étrangers au service de Colombie; cette loi l'a perdu. Tous les gouvernements ont protesté contre.

Ces jours derniers, j'ai vu arriver au port de la Guayra une frégate française, l'*Égérie*, venant de la Martinique. Sa mission était de protester contre l'édit du général espagnol et de se rendre à Puerto-Cabello pour protéger les Français.

Nous avons enfin monté sur la fameuse montagne, la Silla de Caracas. Il n'y a que MM. de Humboldt, Bonplan, Rivero et moi qui y soyons parvenus; cette ascension nous a donné une espèce de célébrité dans le monde de Caracas. Nous avons beaucoup rassuré les dames qui toutes nous assuraient qu'il y avait un volcan sur cette montagne; au lieu d'un volcan, nous avons trouvé la cime de la Silla couverte d'un joli bois de lauriers et de grenadiers à l'ombre duquel nous avons très bien dîné à 4 heures du soir, le dimanche 12 janvier. Il était alors près de 8 heures du soir à Paris. Cette fois nous avons eu un guide excellent, Ignatio Perrez. Nous avons de plus deux autres hommes pour porter nos instruments, nos provisions; deux autres nègres nous accompagnent en amateurs. Nous partîmes au lever du soleil; nous avons couché chez Ignatio Perrez dans une *hacienda* de Cof. Nous ne pûmes dormir, parce qu'à la mode de ces gens, nous avions bu près d'un litre d'excellent café et que d'ailleurs nous couchions sur une planche.

Après dix heures d'une marche excessivement pénible, nous arrivâmes à la cime de la Silla, à une hauteur de 8 010 pieds. On peut trouver un grand nombre de montagnes bien plus élevées; mais jamais, je crois, on n'éprouvera autant de difficulté pour monter, et jamais on ne trouvera, ni dans les

Alpes, ni ailleurs, un précipice aussi horrible que
celui dans lequel on peut plonger son regard, lorsqu'on est arrivé au pic occidental de la Silla. Je ne
peux autrement définir cet abîme qu'en disant qu'on
peut, en se tenant à un arbre, et avançant la tête,
voir, sous ses pieds, une profondeur de 6 000 pieds :
c'est la hauteur de la montagne. Au fond de ce précipice coule un ruisseau qui ressemble à un filet
d'argent. La vue n'est pas toujours aussi horrible.
Sur la mer, on distinguerait à 36 lieues, si la vue
pouvait saisir les objets à cette distance. On domine
toute la chaîne de montagnes qui borde la côte et,
vers la plaine, le riche tableau de la ville de Caracas et ses environs qu'on prétend être le pays le
plus fertile du monde. Enfin, on voit une chaîne
de montagnes dans laquelle coule l'Orénoque. Cette
chaîne, je l'ai bien considérée ; j'espère, avant de
retourner en Europe, voir de près ces Indiens et
leurs missions ; mais j'ai tant de projets que, pour
les exécuter tous, il me faudrait ma vie entière, et
je ne veux rester que quelque temps dans ce pays.
Il est impossible de mieux employer son temps que
nous ne le faisons : au point du jour nous sommes au
travail et, à minuit, nous travaillons encore. Nous
nous occupons de choses si variées qu'il est impossible de nous fatiguer. Sous un aussi beau ciel, il
est impossible de ne pas s'occuper un peu d'astro-
nomie : nous avons tous les instruments nécessaires ;
aussi avons-nous le plaisir d'être à même de bien

déterminer la longitude et la latitude des villes où nous passerons : c'est un moyen d'être bien utile à la géographie; enfin le plaisir que nous procurent nos observations est si grand que je crois en devenir fou quelquefois.

Déjà notre bagage est parti hier pour Valencia où nous devons séjourner quelque temps avant de nous rendre au quartier général du général en chef, Nayss, un des hommes les plus extraordinaires qu'ait produits la révolution. Nous suivrons l'armée pour passer en sûreté jusqu'au delà du Mérida où commencent les montagnes de neiges perpétuelles. Après avoir examiné la sierra du Mérida, nous nous dirigerons aux mines d'or de Pamplona, exploitées par le gouvernement. Nous ferons faire quelques travaux, et arriverons après à Santa-Fé, pour nous reposer d'un voyage qui durera quatre ou cinq mois. Aussitôt reposé, je demande au général Bolivar d'être envoyé dans la Province de Chaco, pour examiner comment se trouve la mine de platine.

Je me réjouis de mon séjour à Valencia, nous allons voir le fameux lac de Zaragua, qui a dix lieues de longueur et deux ou trois lieues de largeur, et renferme des poissons intéressants. Les environs de Valencia nous offriront la fabrication du sucre et celle de l'indigo, la culture du coton : nous louerons une jolie petite habitation, sur les bords du lac, et tous les jours une promenade en bateau, pour faire différentes expériences ; notre domestique est un excellent matelot qui nous sera utile.

Avant d'arriver à Valence nous passons par Victoria ; la route de Caracas à cette ville est on ne peut plus agréable.

Je désire que Cadet travaille. Que fait-il? Mérite-il la pension? Je voudrais bien avoir de ses nouvelles.

Je t'embrasse, ainsi que papa, ma sœur et toute la famille ; mes amitiés à Vaudet. Il s'est probablemeut abonné aux *Annales*. Je l'engage à trouver un moyen sûr de m'écrire à Santa Fé.

J'espère que ta santé, ainsi que celle de tout le monde est aussi bonne que la mienne, qui n'a jamais été si bonne. Comment se trouve Poupoule? Est-elle grandie?

Je vais monter à cheval pour aller coucher à San Pedro.

Je t'embrasse de tout mon cœur.

Ton fils

Boussingault.

Je me fais passer ici pour protestant ; j'ai deux buts par là : 1° de m'exempter des messes ; et 2° un autre plus sérieux.

LXXVIII

Lettre de Boussingault père à son fils.

Paris, le 20 mars 1823.

Tu ne doutes pas, mon cher fils, du plaisir que nous eûmes en recevant de tes nouvelles. Il ne fallait pas moins que tes trois lettres pour nous tirer de l'inquiétude où nous étions à ton égard, sur la suite de votre navigation; car je n'ai jamais douté un seul instant des dangers auxquels un aussi long et pénible voyage t'expose; mais puisque tel est ton destin et ton plaisir, il faut, mon cher ami, te comporter, dans les positions fâcheuses qui pourront te survenir, avec beaucoup de prudence et de courage.

Nous voyons avec plaisir que tu supportes bien le climat et, malgré l'état pénible où vous vous êtes trouvés dans ce terrible ouragan, nous espérons, en formant des vœux sincères pour ce motif, que la présente (que M. Humboldt se charge de te faire tenir) te trouvera dans la situation que nous désirons tous, c'est-à-dire bien portant et content.

Il paraît, mon cher Boussingault, par celle du 18 janvier, que tu n'as pas reçu celle que ta sœur t'a écrite. Le récit de celle du 16 décembre, que j'ai reçue la dernière, est intéressant, mais cet intérêt pour nous diminue par le triste souvenir des obstacles qu'il t'a fallu surmonter pour éviter des accidents toujours renaissants.

Quelle satisfaction pour nous lorsque nous serons instruits que tu es arrivé à ta destination et hors des dangers du voyage, surtout dans le pays que tu parcours.

Depuis ton départ de Paris, nous avons été à Wetzlar, pour voir la famille de ta mère, et terminer nos affaires. Nous y sommes restés 4 mois. Nous avons été très bien reçus de toute la famille. Elle n'a pu concevoir qu'étant à Strasbourg, tu n'aies pas été les voir. Ils te regrettent beaucoup La fille de ta tante Bépler est venue avec nous à Paris pour quelque temps et t'embrasse, en regrettant de ne pas te connaître.

Cadet ne t'oublie pas; il prend cœur au ventre et profite dans la pension où il est. L'on est content de lui pour le dessin et les mathématiques. Encore quelque temps, on le fera entrer aux Arts et Métiers; sa conduite devient bonne.

Les tantes se portent bien ainsi que les cousines; ta mère également se porte bien et t'embrasse, ainsi que moi qui te souhaite de tout mon cœur un sort heureux.

Je suis ton tendre père,

BOUSSINGAULT.

Comme M. et Mme Vaudet vont t'écrire un mot, je ne te parle pas d'eux. Nous sommes ensemble de 4 mois. Lisa, qui est présente, veut que je te dise qu'elle t'embrasse. Effectivement elle va tous les jours à ton portrait te parler.

LXXIX

Lettre de Vaudet à Boussingault.

Paris, le 8 juin 1823.

Depuis longtemps, mon cher Boussingault, je croyais recevoir une lettre de toi. Pas du tout. Tu écris à tout le monde excepté à moi. Je suis en partie consolé, ayant lu celles que tu as adressées à ton père, ta mère, ta sœur. Cependant je ne t'en tiens pas quitte, espérant que tu voudras bien enfin sinon m'écrire, du moins me répondre.

Je vais commencer par t'instruire de ce que je sais des affaires de la vieille Europe; peut-être sauras-tu, depuis longtemps, quand ma lettre te parviendra, ce que je t'adresse comme nouvelles.

Tu connais la querelle qui s'est élevée entre la France et l'Espagne. Tu sais que le duc d'Angoulème avec cent mille Français ont passé les Pyrénées pour rétablir Ferdinand sur le trône absolu.

Il paraît que le plan des généraux espagnols était
de laisser arriver l'armée jusqu'à Madrid; afin de
disséminer les forces, en occupant seulement
quelques places comme Pampelune, Saint-Sébas-
tien, la Seo de Urgel, Barcelone et autres villes
et forts. Le roi d'Espagne a été évacué de Madrid
à Séville et, de là, il part maintenant pour Cadix.
Depuis l'ouverture de la campagne, il n'y a eu que
des escarmouches, mais pas d'affaires décisives;
Mina tient bon dans la Catalogne et déjoue tous
les plans du général français qui lui est opposé.
Enfin l'on s'observe, et rien ne dit quel parti
sera triomphant. L'Angleterre paraît donner des
secours à l'Espagne constitutionnelle et la France
est auxiliaire de l'armée de la Foi, qui ne se re-
crute guère et qui ne pourrait tenir un instant sans
la présence des Français.

En Portugal, il y a aussi une insurrection, à la
tête de laquelle était Silveira, duc d'Amarante;
mais il n'a pas réussi.

Le gouvernement fait de nouvelles levées
d'hommes et d'argent pour poursuivre une guerre
qui soi-disant n'était qu'une promenade militaire.

Nous apprenons qu'Iturbide a demandé pardon
aux Mexicains, et qu'il est descendu de son trône.

Enfin chaque parti se flatte du succès. Le temps
fera savoir quel est celui qui aura raison.

Parlons maintenant de nos petites affaires personnelles. D'abord ton frère est dans une pension

où il apprend le latin, le dessin, la géométrie, la géographie, le levé des plans ; il commence à dessiner. Il a un très bon maître ; nous le laisserons probablement encore quelque temps dans cette maison ; puis nous le ferons entrer au Conservatoire des Arts et Métiers, après quoi il choisira l'état qui lui paraîtra le plus convenable à ses goûts.

Tu sais sans doute que ton père a ramené à Paris ton cousin Bepler de Wetzlar, qui demeure à la maison. Il parle peu français ; cependant il est instruit, intelligent, mais ne sait pas ce qu'il doit entreprendre.

Ta sœur se porte bien, ainsi que Lisa et le petit garçon.

Enfin je touche au terme de mon emménagement. Encore six mois, et je m'installe dans mon domicile désiré où j'espère monter une maison sur un pied décent et dans laquelle, suivant nos conventions, je te ferai meubler un appartement.

Il est venu un négociant, dernièrement, me prier de t'écrire pour lui faire avoir le dépôt et la vente du platine que vous avez le projet d'envoyer en France. J'ai pensé que cela pourrait m'aller aussi bien qu'à lui, étant logé de manière à pouvoir établir des magasins, bureaux et tout ce qu'il faut pour exploiter ce genre de commerce. D'ailleurs nous pourrions mieux nous entendre ensemble que tu ne le pourrais avec un étranger, et les fonds ne nous manqueront pas. Je puis vendre comme commissionnaire et vous faire, sur le dépôt des marchandises, toutes les avances que le gouvernement colombien pourra demander ou prendre toutes vos marchandises, et vous les payer, ayant un riche bailleur de fonds qui mettrait, s'il le fallait, un million et plus à ma disposition.

Si tu as quelque chose à faire venir de France, ou si tu connais quelqu'un qui veuille faire du commerce avec notre pays, écris-m'en avant ; je ne demande pas mieux que de m'occuper de ces sortes d'affaires, pourvu qu'il n'y ait aucune chance et que des fonds ou des valeurs soient déposés dans mes mains, ou dans une maison sûre de cette place.

Maintenant je te prie de me répondre, de me donner de tes nouvelles, de celles du pays où tu es, ainsi que des succès ou des revers du général Mirallès, de ton voyage, des découvertes que tu peux avoir faites, de tes plaisirs et enfin de tout ce qui t'intéresse. Adieu, mon cher Boussingault, ne m'oublie pas et reçois l'assurance de ma sincère amitié.

Vaudet.

LXXX

Lettre de C. Boussingault à son frère.

Paris, le 8 juin 1823.

Mon cher frère.

Si tu n'avais pas été si loin, je me serais bien fâché contre toi pour deux raisons : 1° c'est un étranger qui a le premier reçu de tes nouvelles; enfin, comme cet étranger est M. de Humboldt, je te pardonne; secondement tu as écrit deux lettres à papa et à maman, sans me dire un mot, et sans seulement m'embrasser en particulier; il me semble qu'une sœur, et surtout qui t'aime tant, ne doit pas être confondue avec toute la famille. J'étais désolée de me voir oubliée si vite, mais la lettre que tu m'écris me prouve que je me suis trompée; écris-moi souvent; tu sais si j'aime recevoir des lettres, et les tiennes surtout.

Que de fatigues tu as, mon cher Boussingault, que de dangers! Je souhaite et j'espère que les succès et la gloire que tu recueilleras de ton voyage te dédommageront de toutes tes peines; je t'admire, et, si j'étais homme, je tâcherais de t'imiter.

Es-tu toujours bien avec M. Rivero? J'ai appris

que le docteur Rollin avait été malade. Va-t-il
mieux? Comment son épouse se trouve-t-elle de ce
voyage? Parle-moi de M. Goudon, ses parents
sont désolés de ne pas avoir de ses nouvelles, et
m'ont chargée d'une lettre que tu voudras bien lui
remettre. Étiez-vous tous débarqués à la Guayra,
ou seulement toi et Rivero?

M. le baron de Humboldt, qui le premier a eu de
tes nouvelles, a eu la bonté de venir nous en
faire part. Il m'a dit qu'il espérait te voir dans deux
ans à Mexico et que, de là, il ferait un grand
voyage. Ce voyage avec un illustre voyageur te sé-
duira encore, et quand donc te reverrai-je? Il a désiré voir Cadet, qui a eu l'honneur de lui rendre
une visite.

M. Mabru est venu me voir, pour chercher de
tes nouvelles; je n'en avais pas encore; il t'aime
bien véritablement. Mmes Mabru et Dournay s'intéressent beaucoup à toi.

J'ai renouvelé aux *Annales de chimie :* c'est aug-
menté de 6 francs. Dis-moi s'il faut te les envoyer
et comment.

Frémy est marié. Il vient souvent demander de
tes nouvelles, et me prie de le rappeler à ton souvenir.

Mme Benoît reçoit rarement des nouvelles de ses
fils; Jules est toujours à Vic et l'autre à Rive-de-
Gier. Il se conduit bien maintenant; ils s'in-
quiètent toujours de toi. M. Benoît père pleure de

joie quand on lui donne de tes nouvelles, et a lu deux fois le *Constitutionnel* parce qu'on y parlait de toi avec beaucoup d'avantage; vois quel sacrifice il te fait.

Lisa grandit et ne t'oublie pas. Elle se souvient parfaitement comme tu danses, comme tu jettes des boulettes adroitement; elle t'écrit tous les jours deux ou trois lettres qu'elle met à la poste dans les joints de la première porte venue, elle prie le bon Dieu pour ton heureux voyage deux fois par jour et voudrait bien voir son beau oncle Lolo; l'on trouve étonnant qu'un enfant de son âge se rappelle de si petites choses, et pense à quelqu'un si longtemps; quand le cousin Fritz est arrivé de Wetzlar, je lui ai dit que c'était toi; elle a eu beaucoup de joie, l'a bien regardé et a dit tristement : « Ce n'est pas *le beau* » : voilà la qualité qu'elle ajoute à ton nom.

J'ai lu, il y a longtemps, dans le *Journal de Paris*, que Caracas était pris par le général Mirallès; j'espère que tu n'y étais plus, ou que cette nouvelle était fausse. C'était une lettre particulière cependant; je suis bien inquiète; écris-nous promptement, souvent, avec beaucoup de détails; tu sais que les plus petites choses de toi m'intéressent beaucoup.

Adieu, mon cher ami, mon cher frère, ménage ta santé; ne travaille pas au delà de tes forces, ne fait d'excès en rien : partout c'est nuisible, mais surtout dans un pays chaud. Adieu, je donnerais bien des choses pour t'embrasser et te voir un petit quart d'heure par jour.

Ta sœur,

F. VAUDET.

LXXXI

Lettre de Mme Vaudet à son frère.

Paris, le 27 juillet 1823.

Mon cher frère,

Je te remercie de ta petite lettre de Caracas: je suis flattée du souvenir particulier qu'elle me témoigne, mais j'aurais désiré plus de détails sur la manière de vivre, sur la mort de M. Zéa, si elle vous a fait du tort; sur les beautés du pays que tu parcours, sur tes compagnons de voyage et surtout sur Mme Rollin, qui m'intéresse infiniment.

Je te dirai, mon cher ami, que tu es maintenant compté au nombre de nos jeunes savants. Les journaux ont parlé souvent de vous tous; mais de toi et de M. Rivero, avec beaucoup d'avantage. Je t'envoie la copie de ce qui était, il y a huit jours, dans le *Constitutionnel*:

« L'Académie des sciences, dans sa dernière séance, s'est occupée de plusieurs travaux très importants. M. Gay-Lussac a fait lecture d'un mémoire de MM. Boussingault et Rivero (qui parcourent l'Amérique méridionale) sur le lait nourrissant de l'*arbre de la Vache*. Ces savants voyageurs, l'un Français, l'autre Péruvien, ont envoyé à l'Institut l'analyse chimique de ce lait qui renferme à la fois la fibrine du sang et de la cire propre à faire des bougies : c'est la plus étonnante des productions végétales qu'offre le sol fertile de la république de Colombie. M. Boussingault, dont nous avons déjà fait connaître les connaissances et la courageuse activité, a également transmis en Europe le résultat d'observations astronomiques dans lesquelles la géographie pourra puiser des rectifications intéressantes pour nos cartes. MM. Boussingault et Rivero visiteront successivement les Andes de la Nouvelle-Grenade, le Choco, et peut-être l'isthme de Panama qui n'a pas encore été nivelé barométriquement. »

Les *Annales de chimie* ont plusieurs pages remplies de vos observations; tu vois que M. de Humboldt ne vous néglige pas; il t'aime bien véritablement. Le succès qui me flatte le plus de ton périlleux voyage est l'approbation de cet illustre voyageur; surtout l'amitié de cet homme estimable.

Je viens de quitter ma lettre pour recevoir une lettre de M. de Humboldt et des exemplaires d'un mémoire de toi; voici sa lettre :

« J'ai l'honneur de vous adresser, Monsieur, quelques exemplaires du mémoire de MM. Boussingault et Rivero sur l'arbre de la Vache, que j'ai fait imprimer ; vous savez l'article que j'ai fait mettre dans le *Constitutionnel*. Vous voudrez bien en donner aux amis de l'auteur. Il faut soigner les intérêts d'un ami absent, et ces notions, répandues sans affectation dans le public, sont utiles à la réputation dont doit jouir ce jeune homme dans sa patrie et dans les pays qu'il habite aujourd'hui. M. Arago imprime deux autres mémoires de M. Boussingault. Je vous prie... etc. »

Je suis confuse de toutes les bontés de ce cher monsieur pour toi et de toutes les complaisances qu'il a pour nous : je ne sais comment lui témoigner nos remerciements ; quant à toi, le seul moyen est de réaliser les espérances que tu lui donnes, je suis persuadée que tu fais tous tes efforts pour cela.

Cadet est encore dans la pension dont je t'ai parlé dans ma dernière ; il travaille assez bien, on doit le faire entrer aux Arts et Métiers après les vacances. Il a obtenu deux premiers prix.

Lisa t'aime toujours beaucoup ; elle parle de toi tous les jours ; elle t'écrit souvent de revenir vite, de lui apporter un singe, un perroquet, de belles robes, des gâteaux. Le jour de la Saint-Jean, je lui dis : « C'est la fête à ton oncle ! — Ah ! dit-elle, ce beau Lolo ; oui, vite des bouquets ! » et elle a paré ton portrait de fleurs ; elle pense à toi d'une manière toute particulière et qui fait supposer qu'elle s'en souvient. Nous la trouvons assez aimable pour son âge. Je souhaite qu'un jour tu sois de mon avis ; je ne la gâte pas et tâche de suivre le conseil que tu m'as donné, dans je ne sais quelle lettre, de la bien élever.

Papa et maman se portent bien, ils demeurent dans notre maison, et désirent bien te revoir promptement ; tu sais si je partage ce désir. Oh ! que de choses tu me conteras.

Je te dirai qu'on est en train de faire le plan du bâtiment que nous devons habiter dans notre maison. M. Jacquet s'en va le 15 janvier, et nous y entrons le même jour. J'espère donc, à ton désiré retour, te recevoir dans mon palais. Dieu veuille que ce soit bientôt et pour longtemps, notre maison doit être couverte en mastic.

Je m'aperçois, peut-être un peu tard pour toi, que ma lettre est bien longue, mais, quand on écrit à son plus cher ami, qu'il est à Santa-Fé et qu'on est à Paris, il est inexcusable d'envoyer une lettre vide. Souviens-toi de cela et n'écris plus de si courtes lettres que ta dernière du 15 février ; pense que tu écris à des parents qui te chérissent, que la plus petite chose qui te regarde les intéresse infiniment.

Adieu, mon cher frère, je t'embrasse mille et mille fois et t'assure que tes succès et ta gloire me font plus de joie qu'à toi-même et sont la seule consolation que tu pouvais me donner de ta longue absence.

Soigne ta santé, écris-nous le plus souvent possible et reviens bientôt.

Je t'embrasse encore. Adieu.

F. VAUDET,

née BOUSSINGAULT.

Toute la famille te fait bien des compliments : Saint-Rémy demande toujours de tes nouvelles : Mme Benoît t'a écrit. Sa lettre est ci-jointe.

LXXXII

Lettre de Vaudet à Boussingault.

(Incluse dans la précédente.)

(Date de la précédente.)

Mon cher ami,

Parmi les lettres que l'on t'écrit de toutes parts, j'introduis ces lignes qui te parviendront, je l'espère. Nous commençons à compter les mois qui nous restent à te revoir. Ton puiné commence à dessiner. Il a fait quelques paysages passables; des têtes et même des *académies;* on lui fait aussi dessiner des cartes; il a fait celle de la France, celle de l'Amérique; et dernièrement il a fait une mappemonde. Il fera quelque chose; nous le talonnons sans cesse pour cela.

Je ne sais s'il restera encore longtemps dans cette pension, vu que le professeur sur lequel je compte le plus doit sortir. Dans ce cas je le ferai entrer à l'école des Arts et Métiers.

Nous menons une vie trop uniforme pour pouvoir te dire bien des choses intéressantes. Il n'en est pas ainsi d'un voyageur qui fait tous les jours de nouvelles découvertes et au sort duquel on s'intéresse d'autant plus qu'il court de plus grands dangers que l'habitant casanier d'une grande ville.

Mets, je te prie, à profit toutes les occasions que tu trouveras pour nous faire parvenir de tes nouvelles, car les lettres que tu nous adresses de si loin peuvent s'égarer; d'ailleurs nous n'en recevons jamais autant que nous le désirons.

Ton ami,

Vaudet.

LXXXIII

Lettre de Boussingault père à son fils.
(Sur la même feuille que la précédente.)

(Même date.)

Je me joins, ainsi que ta mère, à M. Vaudet pour te souhaiter que tu sois toujours heureux dans tes voyages, que tes opérations aient le succès que je désire pour faire ton bonheur; nous sommes tous en bonne santé. Dans ma dernière lettre, je te faisais part de mon voyage en Allemagne; ils te regrettent. Cadet fait peu de progrès. Je t'embrasse de tout mon cœur, ainsi que ta mère, ton frère et tes tantes et suis, en attendant de tes nouvelles,

Ton tendre père,

BOUSSINGAULT.

LXXXIV

Lettre de Mme Vaudet à Boussingault.
(Sur la même feuille que les trois précédentes.)

(Sans date.)

Il y a déjà un peu de temps que j'ai écrit ma lettre. Depuis j'ai reçu un numéro des *Annales de chimie* où l'on parle de toi. C'est un rapport *sur*

les eaux chaudes de la rivière de Vénézuela. Je l'ai
lu; mais je voudrais que tu me détaillasses cela
dans tes lettres, pour que je comprenne. Il me
semble que tu aurais dû me parler aussi de l'*arbre
de la Vache.* Je voudrais savoir comment on se
procure ce lait. Faut-il couper une branche, ou
percer le tronc? Ce lait y est-il toute l'année; peut-
il servir, comme le lait animal, pour beurre, fromage, et les habitants s'en servent-ils? Crois-tu
qu'on puisse le naturaliser? Ce serait d'une grande
utilité. Je te recommande encore de m'écrire avec
beaucoup de détails. Dis-moi aussi si tu te plais
parfaitement par là et quand tu reviendras : c'est
là le point essentiel. Tes effets, tes livres ont-ils
été bien conservés? Adieu. Vaudet attend après ma
lettre. Je t'embrasse de tout mon cœur et désire
plus que personne de tes nouvelles.

Adieu, ta sœur,

F. VAUDET,

née BOUSSINGAULT.

LXXXV

Lettre de Saint-Remy à Boussingault.
(Sur la même feuille que la précédente.)

Je profite. mon cher Boussingault, de l'occasion
de la présente, non pour me rappeler à ton sou-

venir, mais bien pour te remercier d'avoir demandé de mes nouvelles; je suis toujours dans la même position : point d'avancement du côté de la fortune; une femme et bientôt un enfant; voilà le seul changement qui se soit opéré chez moi. Je me suis adressé à Jules pour le prier de me chercher une place dans son administration; mais tu sais comme il est paresseux à écrire; et je ne sais pas quand j'en recevrai réponse.

Je te félicite sur ton voyage, car il te fait le plus grand honneur; ta renommée s'étend et bientôt tu seras au nombre des savants.

C'est ce que je te souhaite, et suis en attendant ton ami sincère.

SAINT-REMY.

Mon cher ami,

Une maladie douloureuse vient d'enlever mon petit garçon. Toute la famille est dans le chagrin de cet événement.

IMPRIMÉ

PAR

CHAMEROT ET RENOUARD

19, rue des Saints-Pères, 19

PARIS